그래픽계산기와 함께하는

# 수학 탐구

장 경 윤 지음

Exploring Mathematics

KYOWOOSA 교우사

# 서문

테크놀러지의 발달은 수학교육의 교수방법 뿐 아니라 수학적 지식의 상대적인 중요도나 접근 방법을 바꾸도록 요구한다. 그러므로 테크놀러지는 과거 수학 교육과정의 학습을 돕는 보조적인 역할을 넘어 기존의 수학내용이나 기능적 절차의 중요도에 있어서 상대적인 중요성을 변화시킬 수 있다. 계산 기법을 중시하는 전통적인 수학교육에서는 계산기나 컴퓨터 등 테크놀러지가 개입할 여지가 적으며 그 효과도 매우 제한적이다. 그러므로 테크놀러지의 효과적인 활용을 위해서는 교수 방법론적 측면 뿐 아니라 교육과정 내용과 접근 방법에서의 역동적인 변화를 수용하고 이를 수업에 반영시킬 수 있어야 한다.

계산기는 휴대가능성이 가장 큰 기기로 Hand-held technology라는 별명으로도 불린다. 국제적으로 학계에서 계산기 도입을 논의하고 이를 활용하는 교수·학습 자료를 본격적으로 개발하기 시작한 것은 1980년대이다. 계산기 활용이 학생들의 계산 능력의 저하를 초래할 것이라는 우려에도 불구하고 수학교육에서 계산기가 수학 학습을 돕는 매커니즘과 계산기의 활용 효과, 구체적인 활용 방안이 꾸준히 연구되어왔다. 이제 계산기 관련하여 논의는 선택 여부에 관한 것이 아니라 수학교육과정에서 언제, 얼마나, 어떻게 사용할 것인가에 초점이 맞추어지고 있다.

우리나라에서도 계산기 사용을 교육과정에 명시적으로 허용한 지 20여 년이 지났다. 그러나 실질적으로 국내 수학 수업에서의 계산기 활용은 매우 소극적이며, 이러한 사실은 여러 차례의 국제평가를 통해 이미 국제적으로 널리 알려져 있다. 그 이유가 무엇일까? 이는 우리나라 수학 교육과정의 내용과 평가에 계산기 활용의 여지가 적은 탓이기도 하지만 다른 한편으로는 계산기가 복잡한 계산을 돕는 도구라는 것 뿐, 교사와 학생들이 그 활용 방법을 잘 알고 있지 못하며 계산기 활용에 관한 관련 자료가 부족하기 때문이기도 하다.

이 책은 학교 수학이 공식의 암기와 적용의 도식에서 학생 활동중심의 수학적 탐구로의 변화할 필요가 있으며 계산기가 그 변화의 도구로 사용될 수 있다는 관점에서 중고등학교 이상 수준의 수학학습을 위한 지침서로 개발되었다. 이 책은 그래픽계산기의 강점에 주목하여 함수와 그래프 영역에 초점을 맞추어 기본적인 핵심 활동을 담고 있다.

계산기는 복잡하고 지루한 계산을 대행함으로써 학생들의 계산 능력의 저하를 초래하는 수학교육에서의 골칫덩어리가 아니다. (물론 사용하기에 따라 그럴 가능성도 있다.) 이 책은 우리나라 중·고등학교 학생들과 수학 교사들에게 계산기가 수학적 원리의 탐구와 이해, 적용의 도구가 되는 유쾌한 경험을 제공할 수 있으리라 기대하며, 소중한 자료들이 다시 빛을 볼 수 있도록 출판을 결정해 주신 교우사 오판근 사장님께 감사한 마음을 전한다.

2014. 2.

이 책의 저술과 활동자료 개발에 적용한 원칙은 다음과 같다

1. 그래픽계산기 도입이 지필환경보다 수학 학습을 돕는 활동이어야 한다.
2. 기본적으로 중학교 수학 이상의 내용을 다음 범주의 활동으로 개발한다.
   - 기존 교육과정 내용을 전통적 방식으로 학습하기 위한 활동
   - 기존 교육과정 내용을 그래픽계산기를 활용하여 새롭게 접근하는 활동
   - 정보사회가 요구하는 새로운 수학 내용을 위한 활동
3. 함수와 그래프 영역에 초점을 맞추어 활동을 개발하며, 그래픽계산기가 아닌 일반 계산기의 기능을 이용한 수학 활동은 가급적 여기에서 제외시키기로 한다.
4. 활동은 교육과정범위 안에서 구성하되, 다음과 같은 경우에는 예외로 한다. 문제 상황이 학생들의 일상생활과 밀접하게 관련이 있거나, 의미있는 문제를 해결할 수 있는 개념적, 절차적 지식을 학생들이 가지고 있으나 단지 복잡한 계산이나 절차가 문제가 될 때, 또는 답의 발견 과정이 수학적으로 가치있는 추론을 포함하고 있을 때는 활동으로 구성한다.
5. 계산기 자체를 다루는 것이 학생들에게 새로운 학습부담으로 작용하지 않도록 계산기 키의 조작 방법을 상세히 화면과 함께 제시한다. 계산기 사용방법 전반에 관하여는 부록으로 첨부하며, 특히 그래프의 화면(V-Window) 설정에 관해서는 부록에 비중있게 포함시킨다.
6. 계산기를 활용한 수학 탐구가 지필 환경에서의 학습과 연계할 수 있도록 자료를 다음과 같이 구성한다. 먼저 그래픽계산기를 사용한 활동이 수학적 발견으로 이어지도록 적절한 질문을 함께 제시하고, 기본 활동 외에 탐구활동 및 발전과제를 제시한다. 그리고 계산기를 사용하지 않는 과제도 포함시킴으로써 수학학습이 지필 환경으로도 확장되도록 돕는다.
7. 각 활동에 대하여 활동의 목적과 주안점, 활동의 유의점, 주요 해답을 교사용으로 부록에 첨부한다.

A. 1~3장, 8~14장, 15~17장은 다항함수와 분수함수의 그래프를 다룬다. 이 활동들은 각 그래프의 특징 뿐 아니라 유사한 식으로 표현되는 그래프 족(family)의 성질과 특징을 관찰과 탐구를 통해 이해하고 학습하게 할 것이다.

B. 4장은 축과 평행인 직선의 식을 다룬다. $y$축과 평행인 직선의 식은 수학적으로 함수로 분류하지는 않으나 직선이라는 점에서 1차 함수 끝 부분에 포함시켰고, 5장은 함수를 일상생활에 적용하는 문제해결을 다루고 있다.

C. 6. 7장은 모양만들기이다. 지필환경과 달리 좌표축의 눈금을 조정하는 계산기의 화면 설정을 통해 학생들은 변환의 개념을 암묵적으로 경험할 수 있다. 화면 설정을 달리 하면 상이한 함수식으로도 동일한 그림을 그릴 수 있어 학생들이 창의적으로 문제를 해결하고 그 가운데 수학적 개념을 음미하고 학습할 수 있다.

D. 18~21장에서는 수학적 문제해결의 도구인 방정식을 다룬다. 학생들은 계산기 활동을 통하여 방정식의 해를 그래프와 관련하여 이해하고 이를 심화시키기 위하여 지필환경에서도 문제를 해결한다. 또 상황은 친숙하지만 대수적 기법으로 해를 구할 수 없는 경우에 계산기로 방정식의 해를 구하는 경험을 하게 될 것이다.

E. 22~29장에서는 주기적으로 크기가 반복되는 삼각함수를 탐색한다. 22~24장은 일상적인 각도를 사용하여 주기가 180°나 360°인 삼각함수의 그래프를 다루며, 25~29장에서는 단위원의 호의 길이를 사용하는 라디안을 단위로 주기와 진폭이 다양한 삼각함수의 특징과 성질을 다룬다. 삼각함수는 연간 일조시간이나 기온 등 일상에서 주기적인 현상을 분석하는데 매우 유용하며 수학적으로 매우 중요한 위치에 있는 함수이다.

F. 30~31장은 계속 증가하지만 일정한 값을 넘지 않는 함수를 일상적인 상황으로 다룬다. 이 넘을 수 없는 일정한 값은 오일러가 사랑했다는 수로 수학에서 중요한 역할을 하며 고등학교 수학에서 형식적으로 도입된다.

G. 31~34장은 위치를 기준점에서 거리와 방향으로 나타내는 대안적인 좌표계를 소개하고 간단한 그래프를 다룬다. 현재 일반 고등학교 교육과정의 수준을 넘는 내용이지만 학생들의 흥미를 유발하고 창의적으로 사물을 바라보고 분석하는데 도움이 되며 실제로 이해하기도 어렵지 않다고 판단하여 간략히 여기에 포함시켰다. 이 활동들은 학생들의 대안적 사고와 추론 향상에도 도움이 될 것이라 생각한다.

# 차 례



## 제 1 장 다항함수 / 1

## 제 2 장 분수함수(유리함수) / 69



## 제 3 장 방정식 / 93



## 제 4 장 삼각함수(1) / 111

## 제 5 장 삼각함수(2) / 131



## 제 6 장 응용 / 177



## 제 7 장 극좌표로 나타난 함수 / 187



■ 부록

# 제 1 장

# 다항함수

1. 일차함수 $y = Ax\,(A \neq 0)$ 의 그래프 (1)
2. 일차함수 $y = Ax\,(A \neq 0)$ 의 그래프 (2)
3. 일차함수 $y = Ax + B\ (A \neq 0)$ 의 그래프
4. 음주 운전 위험하죠!
5. 모양 만들기
6. 좌표축에 평행인 선분
7. 모양만들기 / 변형하기
8. 이차함수 $y = Ax^2\,(A \neq 0)$ 의 그래프 (1)
9. 이차함수 $y = Ax^2\,(A \neq 0)$ 의 그래프 (2)
10. 이차함수 $y = Ax^2 + Q(A \neq 0)$ 의 그래프
11. 이차함수 $y = A(x-P)^2 + Q$의 그래프
12. 이차함수 $y = Ax^2 + Bx + C$의 그래프
13. 3차함수 $y = Ax^3 + Bx^2 + Cx + D$의 그래프 (1)
14. 3차함수 $y = Ax^3 + Bx^2 + Cx + D$의 그래프 (2)

# 1 일차함수 $y = Ax(A \neq 0)$ 의 그래프 (1)

**활동**

대응표를 이용하여 일차함수 $y = Ax\,(A \neq 0)$ 의 그래프를 그리고, 그 그래프의 특징을 찾아본다.

**[활동전개]**

(1) $x$ 가 정수인 경우에 $y = 2x$ 의 대응표를 만들고 그래프를 그린다.

(2) $x$ 를 조밀하게 설정하여 $y = 2x$ 의 대응표를 만들고 그래프를 그린다.

(3) $y = Ax$ 의 그래프를 그린다.

## [단계 1] 환경을 설정한다.

① 메뉴선택

MENU 7(TABLE)

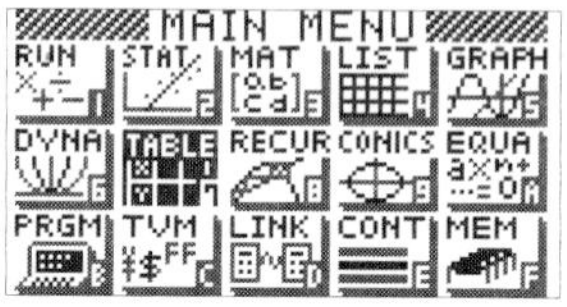


② 그래프 화면 설정

Shift V-Window

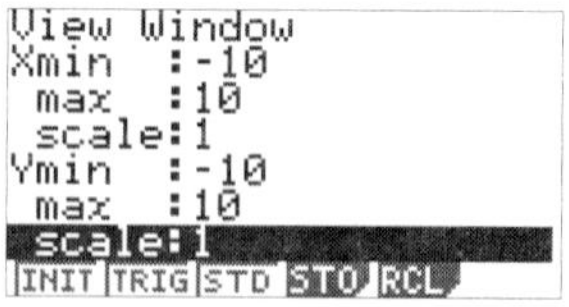


각각의 값을 입력한 후, EXE를 누른다.

Shift SETUP

Dual Screen 지정

F1 (T+G) EXE

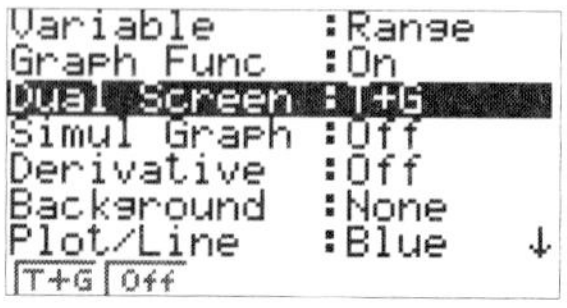


화면 이등분

▲/▼을 사용하여 커서를 이동한다.

**[단계 2] $y=2x\,(-5\leq x\leq 5,\ x$는 정수)의 대응표를 만든다.**

① 함수식 입력

Y1으로 커서를 이동하고,

F3 (TYPE)

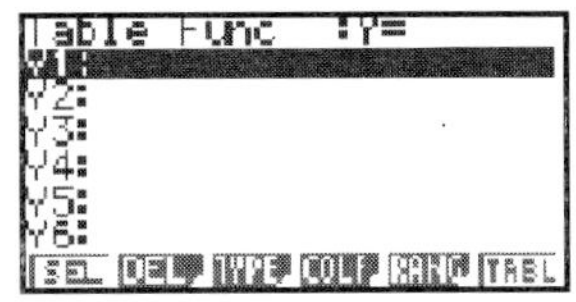


F1 (Y=)

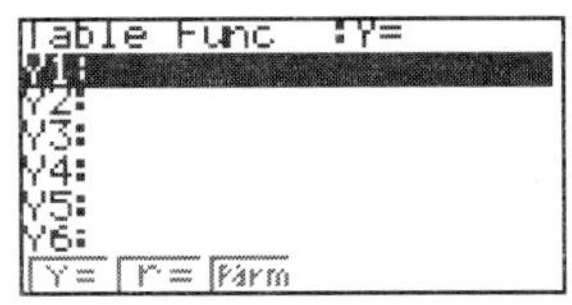


함수식 종류 지정

Y1= 2 (X,θ,T)

(EXE)

(X,θ,T)는 변수키이다.

함수식 입력

② 범위설정

F5(RANG)

(EXE)

☆$x$의 범위: $\{-5,-4,-3,-2,-1,0,1,2,3,4,5\}$

**[단계 3] 대응표에 제시된 값을 그래프로 그리고, 그래프의 좌표를 확인한다.**

① 그래프 그리기

F6 (G–PLT)

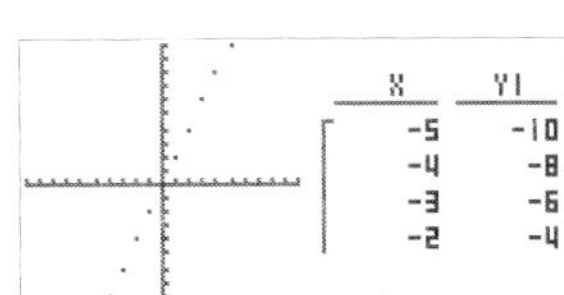


② 그래프의 좌표 확인하기

Shift F1 (Trace)

◀/▶키를 사용하여 점(+)을 이동하고 좌표값을 확인한다.

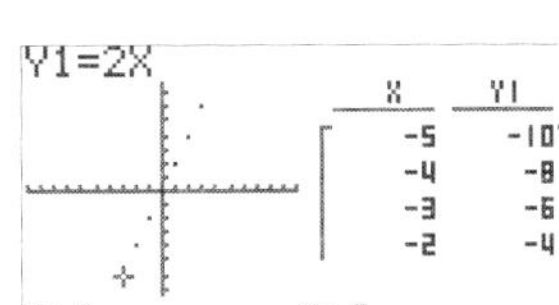


화면 하단에 나타난 $x=-3,\ y=-6$는 점(+)의 $x,\ y$좌표값이다.

**[질문]** (1) 그래프의 모양이 어떻게 나타났습니까? 각자 관찰한 사실들을 써 봅시다.

**[단계 4]** $x$ 값의 간격을 0.5로 재설정하고 단계 2~3의 활동을 반복한다.

① 그래프 창에서 나오기
EXIT

② 범위설정
F5 (RANG)

```
Table Range
X

 Start:-5
 End  :5
 pitch:0.5
```

☆ $x$의 범위: $\{-5, -4.5, -4, \ldots, -0.5,\ 0,\ 0.5, \ldots, 4,\ 4.5,\ 5\}$

③ 대응표 작성/그래프 그리기
F6 (TABL)
F6 (G-PLT)

**[질문]** (2) 그래프의 모양이 어떻게 나타났습니까? $x$ 값의 간격을 1로 설정한 단계 3에서의 그래프와 어떤 차이가 있습니까? 각자 관찰한 사실들을 써 봅시다.

**[단계 5] $x$의 간격을 0.1로 재설정하고 단계 2~3의 활동을 반복한다.**

① 그래프 창에서 나오기

EXIT

② 범위설정

F5 (RANG)

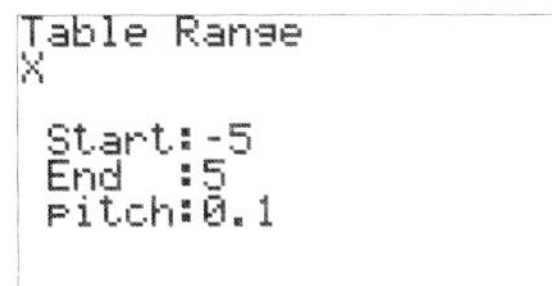


③ 대응표 작성

F6 (TABL)

④ 그래프 그리기

F6 (G−PLT)

⑤ 그래프의 좌표 확인하기

Shift F1 (Trace)

◀/▶키를 사용하여 좌표값을

확인한다.

**[질문] (3)** $x$의 간격과 그래프의 점의 개수 사이에 어떤 관련이 있습니까?

______________________________

______________________________

**[질문] (4)** $x$의 범위를 $-10$ 이상 10 이하인 모든 수라고 할 때, 그래프의 모양은 어떻게 되겠습니까? 각자의 생각을 써 봅시다.

______________________________

______________________________

다음 활동으로 자신의 생각이 옳은지 확인해 봅시다.

**[단계 6]** $-10 \le x \le 10$**일 때,** $y=2x$ **의 그래프를 연속적으로 그려 본다.**

① 그래프 창에서 나오기

EXIT

② 범위설정

F5 (RANG)

③ 대응표 작성

F6 (TABL)

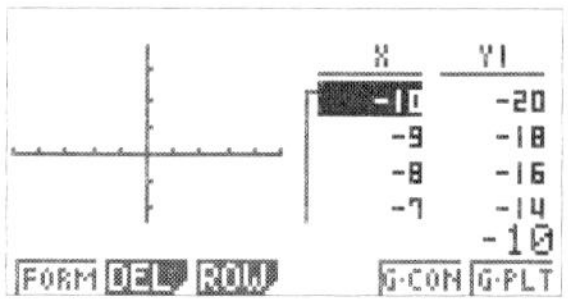


④ 연속그래프 그리기

F5 (G-CON)

**[질문]** (5) 그래프를 연속으로 그린 경우 그래프는 어떻게 나타났습니까?

## 과제 1.

$x$의 범위가 $\{-3, -2, -1, 0, 1, 2, 3\}$일 때, 다음 함수의 대응표를 각각 만들고 그래프를 그 모눈종이에 그리시오.

(1) $y = -2.5x$

대응표:

| $x$ | $-3$ | $-2$ | $-1$ | $0$ | $1$ | $2$ | $3$ |
|---|---|---|---|---|---|---|---|
| $y$ | | | | | | | |

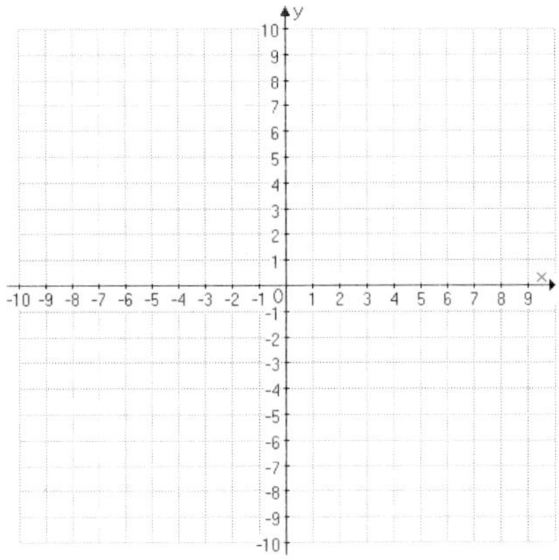

(2) $y = 3x$

대응표:

| $x$ | $-3$ | $-2$ | $-1$ | $0$ | $1$ | $2$ | $3$ |
|---|---|---|---|---|---|---|---|
| $y$ | | | | | | | |

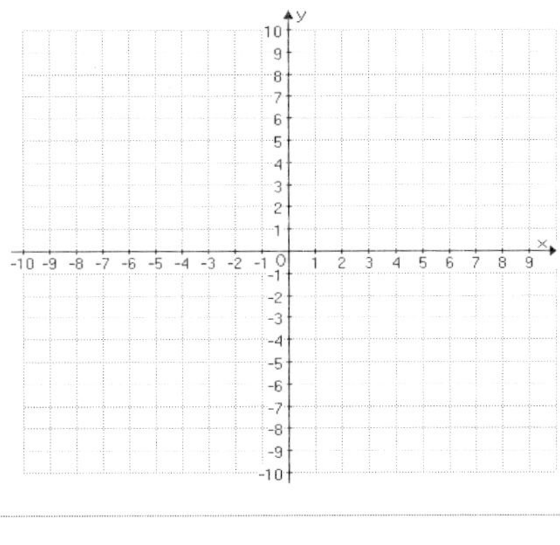

## 탐구 및 발전과제

**1.** 지금까지 그래픽계산기의 [Table] 모드에서 대응표를 만들어 일차함수의 그래프를 그렸습니다. 그러나 $x$ 값이 연속인 경우에 그래픽계산기의 [Graph] 모드로 그래프를 그릴 수 있습니다. $x$의 범위가 제한된 여러 일차함수의 그래프를 아래의 순서에 따라 그려봅시다.

(i) $y = x$ $\quad(-5 \le x \le 5)$

(ii) $y = 2x$ $\quad(-3 \le x \le 3)$

(iii) $y = 0.5x$ $\quad$($x$ 는 수 전체)

① 메뉴선택

MENU 5(GRAPH) [EXE]

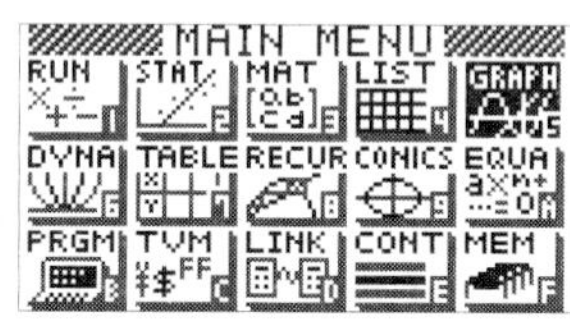


Y1, Y2, Y3에 각각 함수식을 입력하고, 그래프의 색을 달리 지정한다.

② 그래프 화면 설정

[Shift] V-Window

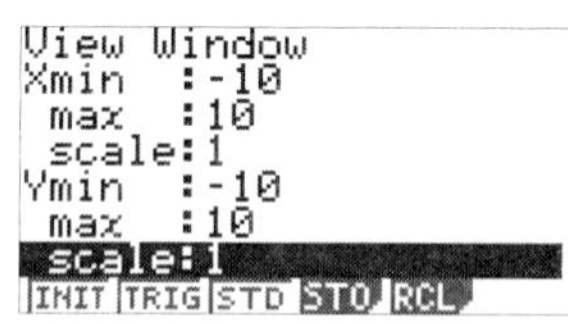


③ 함수식 / 범위 입력

(i) Y1= [X,θ,T], [−5 , 5 ]

[EXE]

(ii) Y2= 2 [X,θ,T], [−3 , 3 ]

[EXE]

(iii) Y3= 0.5 [X,θ,T] [EXE]

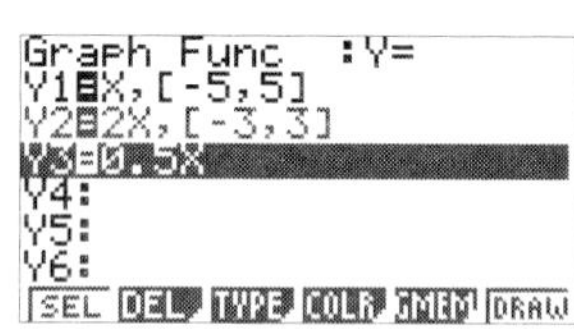


[X,θ,T]는 변수키이다.

④ 그래프 그리기

[F6] (Draw)

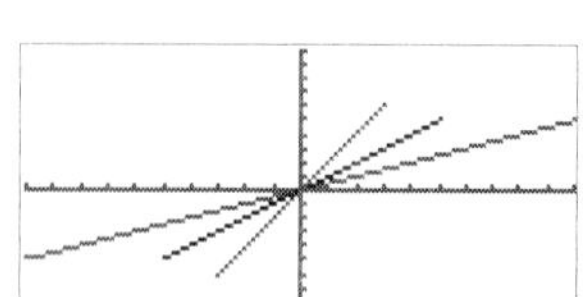

(1) Y1, Y2, Y3 세 가지 그래프를 서로 비교하여 공통점을 말해 봅시다.

(2) 각각의 함수식이 나타내는 그래프를 짝지어보고, $x$ 값의 범위의 차이가 그래프에 어떻게 나타났는지 말해 봅시다.

**2.** $y = Ax(A \neq 0)$ 의 그래프를 지필로 간단히 그릴 수 있는 방법을 생각해 봅시다.

**3.** $x$ 의 범위가 $-3 \leq x \leq 2$ 일 때, 다음 일차함수의 그래프를 같은 평면에 그려 봅시다.

(1) $y = 3x$

(2) $y = -x$

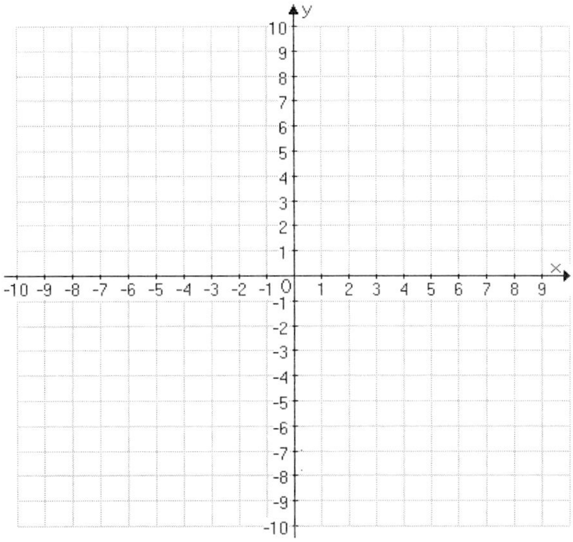

# 2 일차함수 $y = Ax(A \neq 0)$ 의 그래프 (2)

**활동**

$y = Ax\,(A \neq 0)$ 의 그래프에서 $A$ 값의 역할을 탐색한다.

**[활동전개]**

(1) $y = Ax\ (A > 0)$의 그래프에서 계수 $A$의 역할을 탐색한다.

(2) $y = Ax\ (A < 0)$의 그래프에서 계수 $A$의 역할을 탐색한다.

(3) 일차함수 $y = Ax\,(A \neq 0)$ 그래프의 특징과 그래프에서$A$의 역할을 탐색한다.

**[단계 1] $y = \frac{1}{2}x$, $y = x$, $y = 2x$의 그래프를 같은 좌표평면에 그린다.**

① 메뉴선택

MENU 5(GRAPH)

EXE

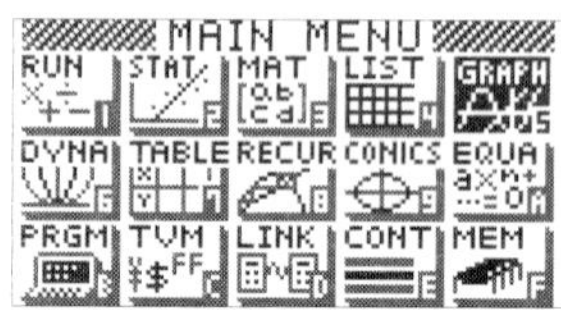


② 그래프 화면 설정

Shift V-Window

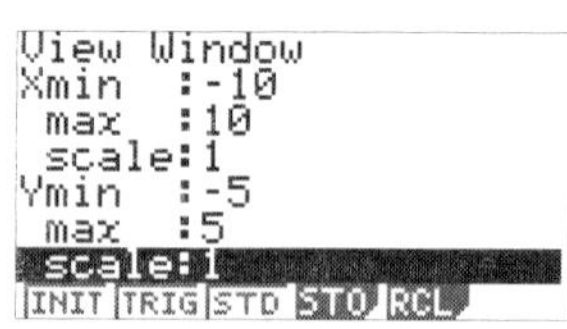

화면설정

Shift SETUP

Dual Screen (Off)

③ 함수식 입력

Y1= ( 1 ÷ 2 ) [X,θ,T] [EXE]

Y2= [X,θ,T] [EXE]

Y3= 2 [X,θ,T] [EXE]

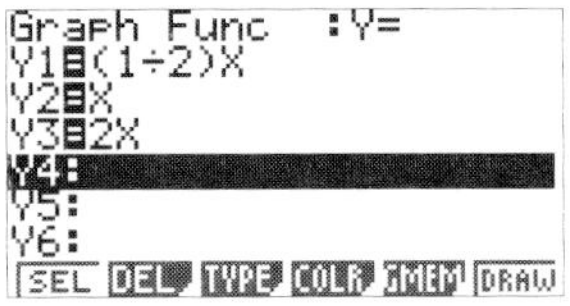


☆[F4] (COLR)을 이용하여 그래프의 색을 각기 달리 설정한다.

④ 그래프 그리기

[F6] (Draw)

[질문] (1) 그래프의 모양이 어떻게 나타났습니까? 각자 발견한 사실들을 써 봅시다.

______________________________

______________________________

(2) $y=Ax$ 의 그래프 모양이 $A$의 크기와 어떤 관련이 있습니까?

______________________________

______________________________

[단계 2] $y=-\frac{1}{2}x$, $y=-x$, $y=-2x$**의 그래프를 같은 좌표평면에 그린다.**

① 그래프 창에서 나오기

EXIT

② Y1, Y2, Y3의 그래프가 화면에 나타나지 않게 하기
해당 식에 커서를 이동하고
[F1] (SEL)

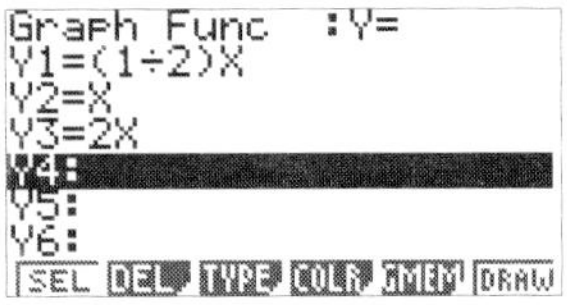


☆각 등호(=)가 반전(=)되면 그 그래프는 그려지지 않는다.

③ 3개의 함수식 입력

Y4=(−)(1÷ 2 ) [X,θ,T] [EXE]

Y5= (−) [X,θ,T] [EXE]

Y6= (−) 2 [X,θ,T] [EXE]

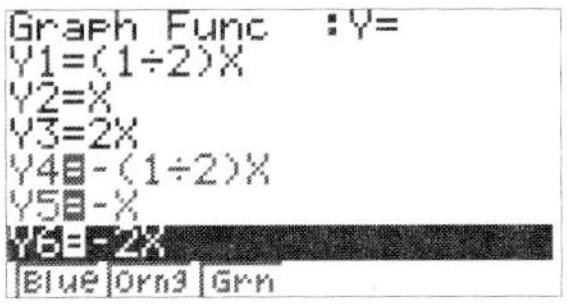


☆[F4] (COLR)을 이용하여 각 그래프의 색을 달리 설정한다.(기종에 따라 그래프의 선모양을 달리 설정할 수 있다.)

④ 그래프 그리기

[F6] (Draw)

**[질문]** (3) 그래프들이 어떻게 그려졌습니까? 각자 발견한 사실을 써 봅시다.

(4) $y = Ax$ 의 그래프 모양이 $A$ 의 부호(+ / −)와 어떤 관계가 있습니까?

$A$ 의 부호(+ / −)에 관계없이 변하지 않는 그래프의 특징은 무엇입니까?

(5) $y = Ax$ 의 그래프 모양과 $A$의 크기가 어떤 관련이 있습니까?

( i ) $A$ 가 양수일 때, $A$의 크기가 클수록…

( ii ) $A$ 가 음수일 때, $A$의 크기가 클수록…

**[단계 3] 위의 6개의 함수 $y=Ax\left(A=\frac{1}{2},1,2,-\frac{1}{2},-1,-2\right)$의 그래프를 차례로 같은 좌표평면에 그려서 질문 (3), (4)에 대한 각자의 답을 확인한다.**

① 그래프 창에서 나오기

EXIT

② Y1, Y2, Y3의 그래프가 그려지게 하기

Y1, Y2, Y3 식에 커서를 이동하고 [F1] (SEL)▼

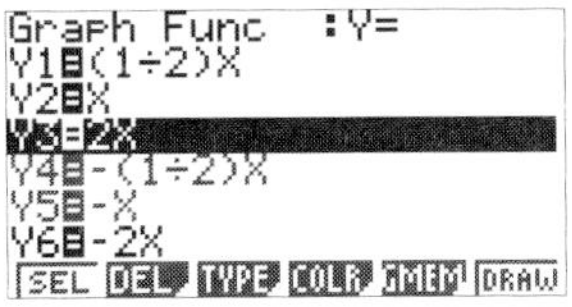


☆반전(=)되었던 등호가 다시 (■)로 바뀐다.

③ 그래프 그리기

[F6] (Draw)

## 탐구 및 발전과제

1. 동영상메뉴 [Dyna]를 이용하여 다음과 같이 $y=Ax$의 그래프를 그릴 수 있습니다.

① 메뉴선택

MENU 6(DYNA)

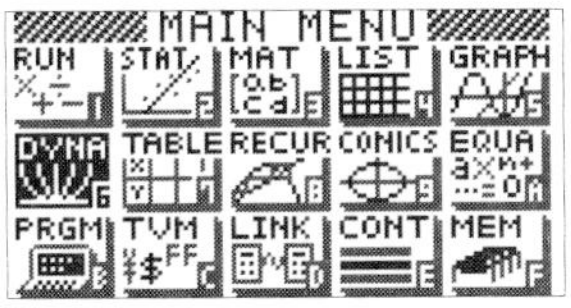


② 그래프 화면 설정

[Shift] SETUP

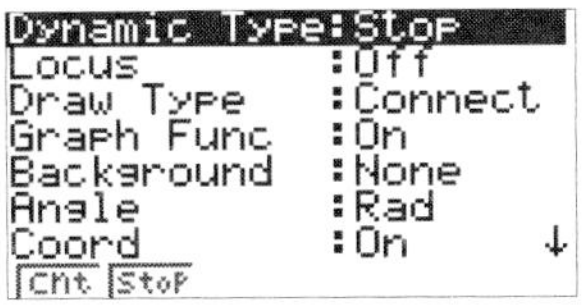

③ 함수식 입력

Y1= ALPHA A [X,θ,T] [EXE] [EXE]

☆ [EXE]를 2회 연속하여 누른다.

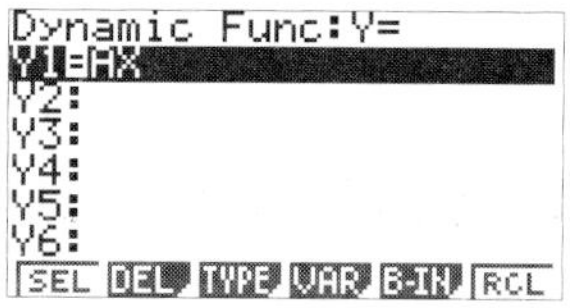


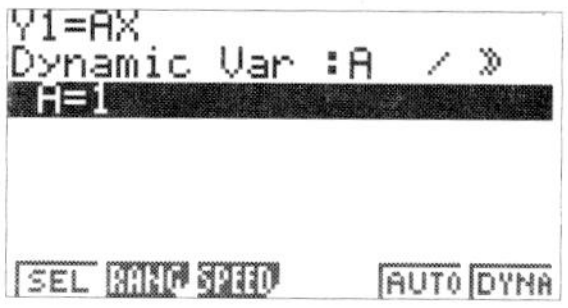


A가 변수로 설정된다.

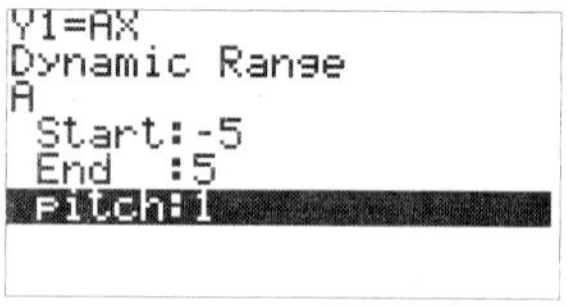


A값이 −5에서 5까지 1간격으로 변한다.

④ 범위설정

[F2] (RANG)

⑤ 그래프 그리기

[F6] (DYNA)

(1) $A$ 의 부호와 크기가 $y = Ax$ 의 그래프에 어떻게 영향을 줍니까?

(i) $A$ 의 부호:

________________________________________

________________________________________

(ii) $A$ 의 크기:

________________________________________

________________________________________

(2) $y = Ax$ 에서 $A$ 를 그래프의 기울기라고 합니다. 왜 그런 이름이 붙었다고 생각합니까?

________________________________________

________________________________________

________________________________________

(3) $A=0$ 일 때 그래프는 어떻게 나타납니까?

______________________________________________

______________________________________________

______________________________________________

**2.** $y=Ax$ 의 그래프를 기울기를 이용하여 지필로 그리는 방법을 생각해 봅시다. 각자가 고안한 방법으로 $y=2x$ 의 그래프를 그려 봅시다.

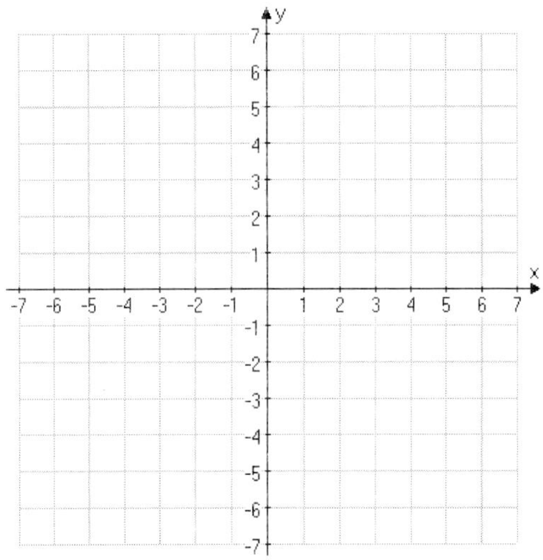

**3.** $y=Ax$ 와 $y=-Ax$ 의 그래프는 어떤 관계에 있습니까?
(예: $y=2x$ 와 $y=-2x$ 의 그래프)

## 3 일차함수 $y=Ax+B(A\neq 0)$ 의 그래프

**활동**

$y=Ax+B(A\neq 0)$ 의 그래프를 그려 보고 그래프에서 $B$의 역할을 탐구한다.

**[활동전개]**

(1) $y=x+B(B\neq 0)$ 의 그래프를 그리고 $y=x$ 의 그래프와 비교하여 그 특징을 관찰한다.

(2) $y=Ax+B\ (B\neq 0)$ 의 그래프의 특징을 탐색한다.

**[단계 1] $y=x$, $y=x+1$, $y=x+2$ 의 그래프를 한 화면에 그린다.**

① 메뉴선택

MENU 5(Graph)

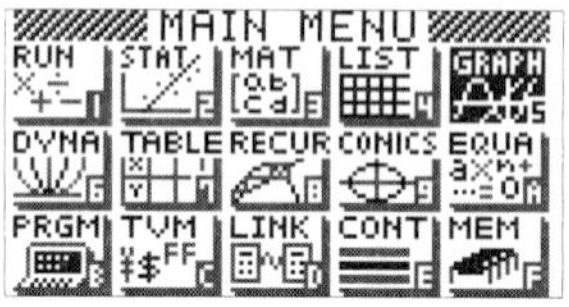


② 그래프 화면 설정

Shift V-Window

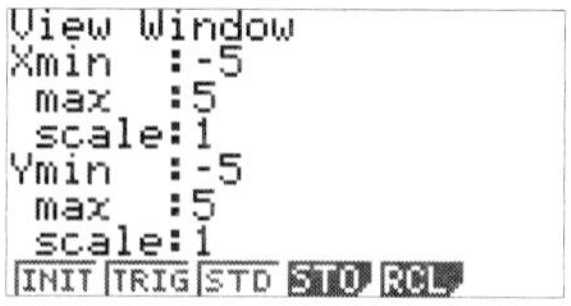


③ 함수식 입력 준비

F3 (TYPE) F1 (Y=)

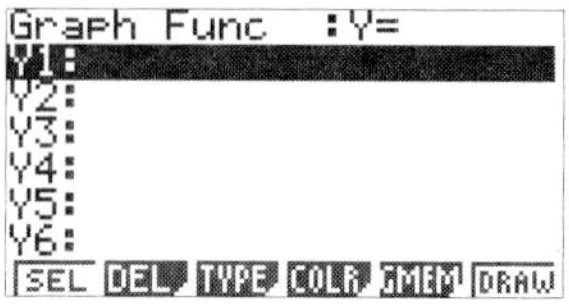

④ 함수식 입력

Y1=[X,θ,T] [EXE]

Y2=[X,θ,T] + 1 [EXE]

Y3=[X,θ,T] + 2 [EXE]

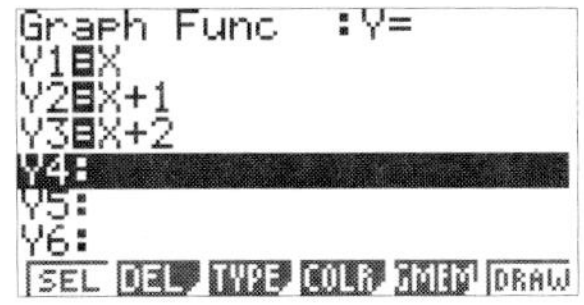


⑤ 그래프 그리기

[F6] (Draw)

**[질문]** (1) Y1, Y2, Y3의 그래프에서 발견한 사실이 무엇입니까?

________________________________________

________________________________________

________________________________________

(2) 동일한 $x$ 좌표에 대한 각 그래프의 $y$ 좌표를 각각 다음 표에 기록하고, 그 값을 비교해 봅시다.

☆ [Shift] [F1] (Trace) ▲/▼ 키를 사용하여, 위아래 그래프로 커서를 이동하여 $y$값을 확인한다.

| $x$ | Y1 | Y2 | Y3 |
|---|---|---|---|
| | $y=x$ | $y=x+1$ | $y=x+2$ |
| | | | |
| | | | |
| | | | |
| | | | |

여기에서 발견한 사실을 써 봅시다.

________________________________________

________________________________________

$y=x+B$의 그래프의 특징을 $y=x$ 의 그래프와 비교하여 말해봅시다.

________________________________________

________________________________________

(3) $y=x$, $y=x+3$, $y=x-4$, $y=x-0.5$ 의 그래프의 모양을 예측해 봅시다. 어떻게 그려질 것 같습니까?

---

---

이를 그래픽 계산기로 그려봅시다. 자신의 예측과 일치합니까?

---

---

**함수식 입력**

Y1에 커서를 이동하고 (X,θ,T) + B, [ALPHA B = 0, 3, −4, −0.5] (EXE)

☆ Y1-Y5까지의 이미 입력된 함수식을 삭제하려면, 커서를 해당 함수식으로 이동한 뒤 F2(DEL) F1(YES)를 차례로 누르면 된다.

**[단계 2] $A=2$인 경우에 $y=Ax+B$와 $y=Ax$의 그래프 사이의 관계를 조사해 본다.**

① 그래프 창에서 나오기

EXIT

② 함수식 입력

Y1에 커서를 이동하고

2 (X,θ,T) + ALPHA B ,

[ALPHA B = −3, −1, 0, 1, 3]

(EXE)

③ 그래프 그리기

F6 (Draw)

☆ $A$값을 2 이외의 다른 수로

바꾸어 같은 활동을 반복한다.

**[질문]** (4) $y=Ax+B$와 $y=Ax$의 그래프 사이의 관계에 대하여 발견한 사실이 무엇입니까?

________________________________

________________________________

________________________________

(5) $y=Ax+B$의 그래프에서 $B$는 어떤 역할을 합니까?

________________________________

________________________________

________________________________

☆ $y=Ax$는 $y=Ax+B$에서 $B=0$인 경우로 생각할 수 있습니다.

## 탐구 및 발전과제

1. 계산기에 내장된 [DYNA] 기능을 이용하여 다음과 같이 $y=Ax+B$의 그래프를 그릴 수 있습니다.

① 메뉴선택

MENU 6(DYNA)

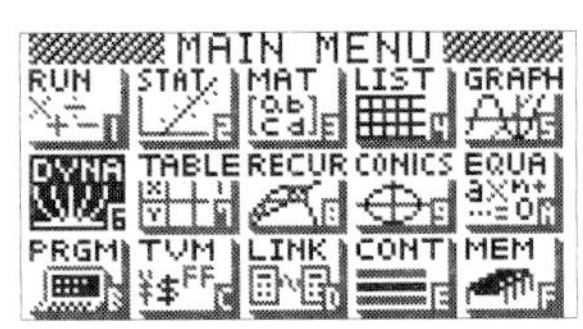


② 그래프 화면설정

[Shift] SETUP

③ 함수식 입력

Y1 = ALPHA A [X,θ,T]

+ ALPHA B [EXE]

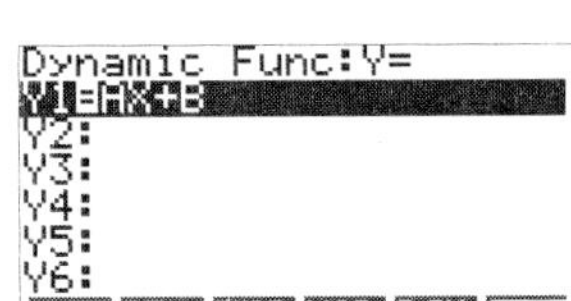


☆ Y1-Y5 까지의 함수식을 삭제하려면, 커서를 해당 함수식으로 이동한 뒤 [F2](DEL) [F1](YES)를 차례로 누르면 된다.

B에 커서를 놓고 [F1](SEL)을 누르고 A, B값을 입력한다.

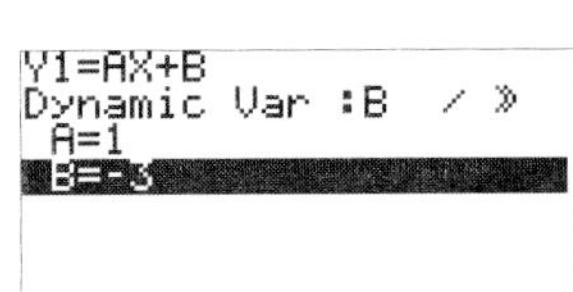

④ 범위설정

F2 (RANG)

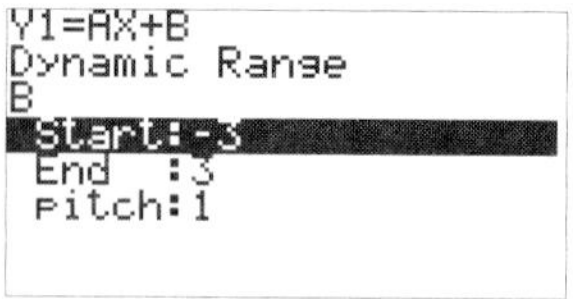


⑤ 그래프 그리기

F6 (DYNA)

(1) 이 활동의 결과 $y = Ax + B$의 그래프에서 $B$의 역할은 무엇입니까?

________________________________________________

________________________________________________

________________________________________________

> 그래프 위의 모든 점을 **일정한 방향**으로 **일정한 거리** 만큼 이동시키는 것을 그 방향으로 그 거리만큼 **평행이동** 시킨다고 합니다.

$y = Ax + B$와 $y = Ax$의 그래프 사이의 관계를 평행이동이라는 용어를 사용하여 서술해 봅시다.

※ 이제 $y = Ax + B$에서 $A$를 변화시켜 봅시다.

위의 네 번째 화면에서 커서를 $A$에 두고 F1(SEL)을 누르면, $A$값을 변화시키도록 할 수 있습니다. 오른쪽 화면은 $Y = AX - 3$에서 $A$값을 변화시키도록 하는 화면입니다.

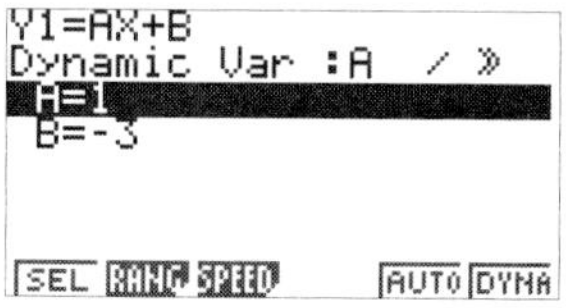


$A$의 값을 $-3$에서 3까지 1간격으로 변화시켜 봅시다.

F2 (RANG)

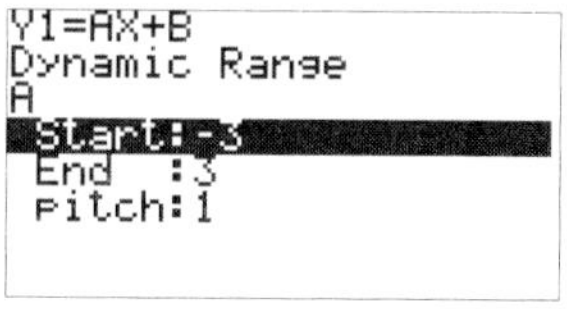

(2) 이 활동의 결과 $y = Ax + B$의 그래프에서 $A$의 역할은 무엇입니까?

(3) $y = Ax + B$에서 $B$를 그래프의 $y$ **절편**(절편: 끊는 조각이라는 뜻)이라고 합니다. 왜 그런 이름이 붙었다고 생각하는지 각자의 의견을 써 봅시다.

**2.** $y = -6x - 2$ 의 그래프에서 $y$ 절편은 얼마입니까?

또 $y = -6x - 2$ 의 그래프가 $y$축과 만나는 점의 좌표는 무엇입니까?

**3.** $y = Ax + B$의 그래프를 간단히 그리는 방법에 대하여 논의해 봅시다.

**4.** 3에서 논의한 방법에 따라, 다음 그래프를 각각 그려 봅시다.

① $y = 3x - 2$

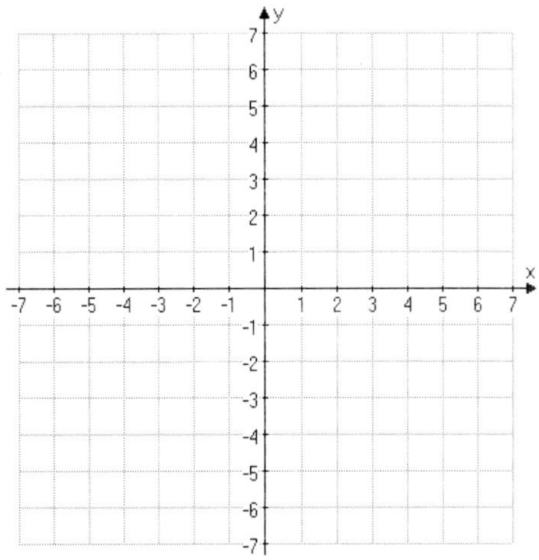

② $y = -2x - \frac{1}{2}$

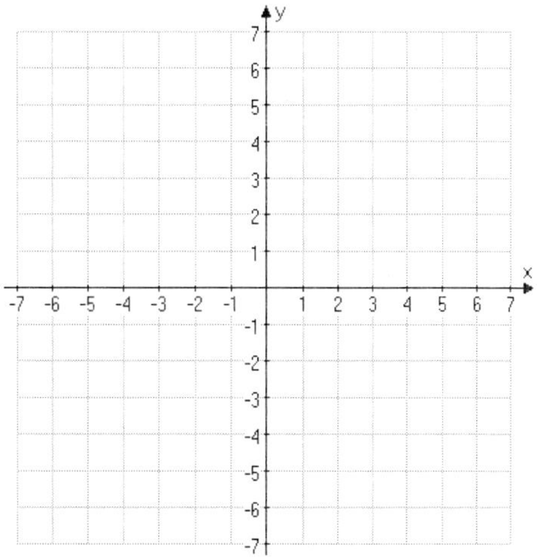

③ $y=x+2$

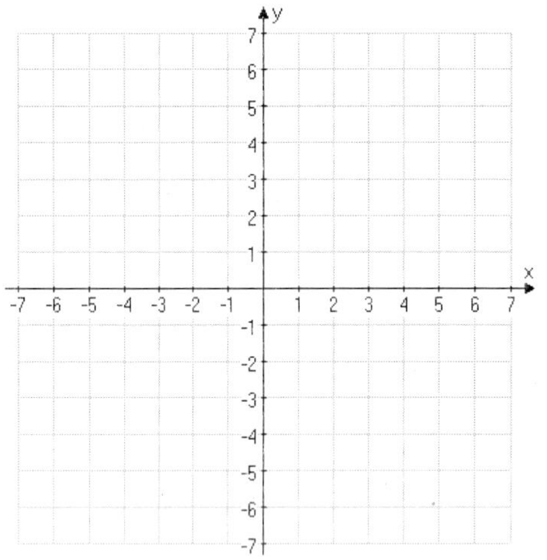

**5.** $y=Ax+B$의 그래프가 $x$축과 만날 때 교점의 $x$좌표를 $x$절편이라고 합니다.

(1) $x$절편을 어떻게 지필 계산으로 구할 수 있습니까?

(2) 다음 그래프의 $x$절편을 계산으로 구해 봅시다.

① $y=x+2$

② $y=-2x-\frac{1}{2}$

③ $y=3x-2$

(3) (2)에서 구한 $x$절편을 그래픽 계산기를 사용하여 확인해 봅시다.

☆ TRACE 기능을 사용한다.

# 4 음주 운전 위험하죠!

**활동**

올스타 농구경기에서 우승을 축하하는 코끼리 농구팀의 파티가 열렸다. 파티에서 문경훈은 맥주 캔 6개를 짧은 순간에 마셨다. 그리고 그가 마지막으로 7개째의 맥주 캔을 마신 시각이 오후 7시였다고 한다. 이런 상황에서 마지막 맥주 캔을 마시고 $x$ 시간 후 혈액 100mℓ당 알코올의 양(mg)을 나타내는 혈중 알코올 농도 $y$ %는 다음과 같은 공식으로 계산할 수 있다고 한다.

$$y = 126 - 15x$$

음주단속에서 운전사의 혈중 알코올 농도가 0.05% 이상이면 면허가 취소된다. 문경훈이 파티를 끝내고 직접 차를 운전하여 집에 돌아가려고 한다. 문경훈이 음주단속에서 적발된다고 해도 운전면허 취소를 피할 수 있는 가장 이른 시각은 몇 시인가?

## 활동 전개 및 질문

1. $x$ 시간 경과 후에 혈중 알코올 농도를 나타내는 다음 표를 완성해 봅시다 .

| $x$ (경과 시간) | 0 | 1 | | | | | | | | | |
|---|---|---|---|---|---|---|---|---|---|---|---|
| $y$ (mg/100$ml$) | | | | | | | | | | | |

① MENU 7(TABLE)
② Y1= 126−15 [X,θ,T]
③ [F5] (RANG) Start: 0 End: _______ pitch: 1로 설정 [EXE]
④ [F6] (TABL)

2. 이 공식에서 왜 $x$ 값이 0보다 작거나 9 이상이면 안 됩니까?

3. 오후 7시부터 $x$ 시간 경과 후 문경훈의 혈중 알코올 농도 $y$(%)를 그래프로 나타내 봅시다.

4. 앞에서 구한 그래프와 표를 사용하여 다음 질문에 답해 봅시다.

(1) 오후 7시에 문경훈의 혈중 알코올 농도는 얼마입니까?

(2) 문경훈의 혈중의 알코올 농도가 75㎎/100㎖인 시각은 몇 시경입니까? (그래프에서 [Trace] 기능을 이용한다.)

(3) 오후 7시에서 오후 9시 사이에 문경훈의 혈액으로부터 100㎖당 얼마나 많은 알코올이 배출되었습니까?

(4) 오후 7시에서 자정까지 매시간 문경훈의 혈액에서 100㎖당 배출되는 알코올의 양(㎎)을 계산해 봅시다.

(5) 오후 7시부터 매시간 혈액 100㎖당 배출되는 알코올의 양과 공식 $y = 126 - 15x$와는 어떤 관계가 있습니까?

## 발전과제

**1.** 온도를 나타내는 단위인 섭씨(C)와 화씨(F) 사이에는 $F=\frac{9}{5}C+32$와 같은 관계가 있습니다. 이 사실을 이용하여 다음에 답해 봅시다.

(1) 섭씨 100도(100℃)에서 물이 끓습니다. 물이 끓는 온도는 화씨로 몇 도입니까?

(2) 영희는 요리책을 보고 케익을 만들려고 합니다. 케익을 만들기 위해 유지해야 할 오븐의 온도는 화씨 350도(350°F)라고 합니다. 이 온도는 섭씨로 몇 도입니까?

(3) 위의 관계식에서 C의 계수 $\frac{9}{5}$가 나타내는 의미를 섭씨와 화씨 관계에서 이해할 수 있는 말로 표현해 봅시다.

**2.** 수학 수행평가 채점 결과 성적이 0점에서 100점까지 나왔습니다. 수학선생님은 다음과 같은 원칙에 따라 점수를 변환시키려고 합니다.

- 최하 기본점수 5점/ 최고점수 25점
- 원점수($x$)의 변화에 따라 변환점수($y$)가 변화하는 비율은 일정하게 한다. 즉 0점에서 100점 사이의 수행평가 원점수($x$)는 5점에서 25점 사이의 점수($y$)로 바꾸려는 것입니다.

(1) 수행평가 점수 50점과 100점은 각각 몇 점으로 바뀝니까?

(2) $x$와 $y$ 사이의 관계를 식으로 나타내 봅시다.

**3.** 실생활에서 일차함수 관계가 성립하는 상황을 찾아보고, 그래프의 개형을 그려 봅시다.

# 5 모양 만들기

**활동**

그래픽계산기 [GRAPH] 모드에서 화면에 아래 그림과 같은 모양이 그려지도록 각각 적절히 화면(V-window)을 설정하고 함수식을 입력해보자.

| 그래픽계산기 화면 | V-Window 설정 | 함수식 |
|---|---|---|
| 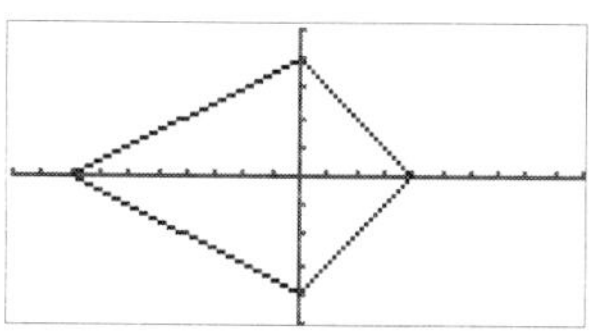 | Xmin:<br>max:<br>scale:<br>Ymax:<br>min:<br>scale: | Y1=<br>Y2=<br>Y3=<br>Y4=<br>Y5=<br>Y6= |
| 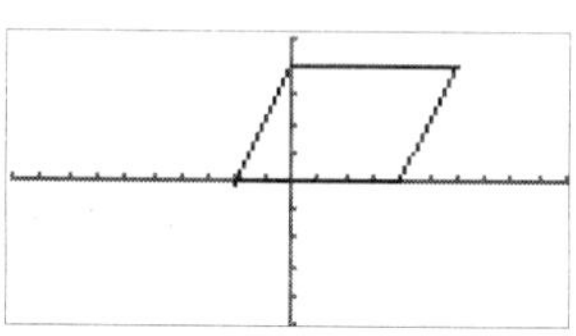 | Xmin:<br>max:<br>scale:<br>Ymax:<br>min:<br>scale: | Y1=<br>Y2=<br>Y3=<br>Y4=<br>Y5=<br>Y6= |
| 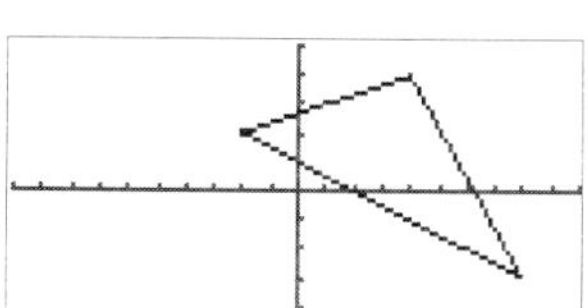 | Xmin:<br>max:<br>scale:<br>Ymax:<br>min:<br>scale: | Y1=<br>Y2=<br>Y3=<br>Y4=<br>Y5=<br>Y6= |

**주의** 1. 화면의 그림을 그리기 위해서 함수식은 1개 이상을 입력해야 한다.
(함수식의 개수는 필요한 만큼 쓸 것.)
2. 정답은 여러 가지로 낼 수 있다.

# 6 좌표축에 평행인 선분

**활동**

그래픽계산기 [GRAPH] 모드에서 좌표축에 평행인 선분을 그린다.

**[활동전개]**

(1) x축에 평행인 선분을 그린다.

(2) y축에 평행인 선분을 그린다.

$x$축에 평행한 선분은 Graph Type을 'Y='로 선택하고 함수식을 다음과 같이 입력하면 그릴 수 있습니다.

$y$ = $x$축에서 올라간 거리, [$x$의 최솟값, $x$의 최댓값]

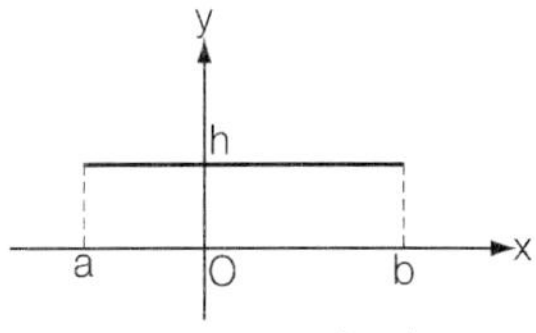


입력: $y=h$, $[a, b]$

**[단계 1] 양 끝점이 (−2, 2)와 (8, 2)인 선분을 그린다.**

① 함수식 입력

F3(Type) F1(Y=)

Y1=2,[−2,8] EXE

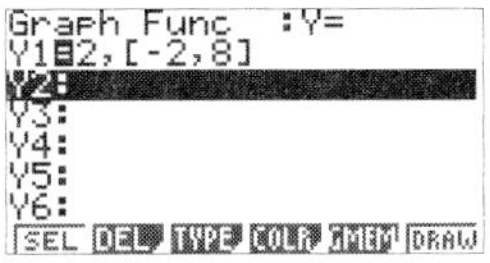


② 화면설정

Shift V-Window

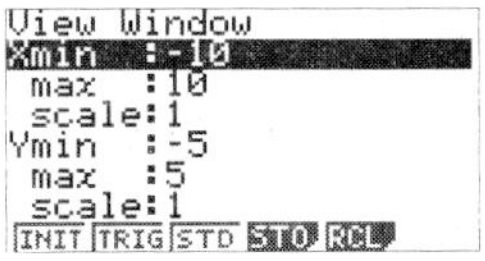


$x$의 범위를 고려하여 설정하고 EXE.

③ 그리기

F6(DRAW)

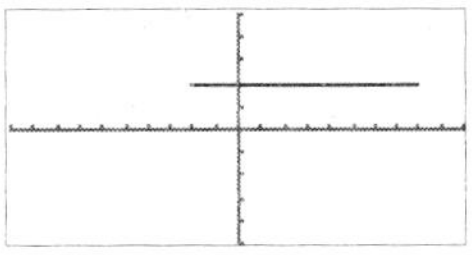

※ $x$의 범위는 반드시 대괄호 [ ] 안에 쓰며, 직선인 경우 이를 생략하면 된다.

$y$축에 평행한 선분은 Graph Type을 '매개변수(Parm)'으로 선택하고, 함수식을 다음과 같이 입력하면 그릴 수 있습니다.

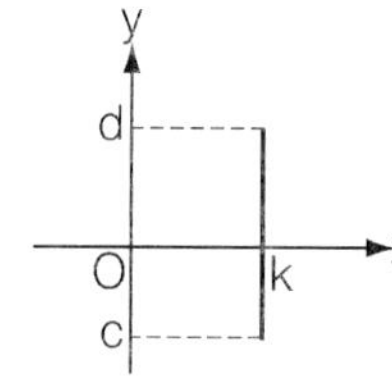

입력: xT=$k$ yT=T,[c,d]

함수식 선택: 매개변수(Parm)

입력: xT= $y$축 오른쪽으로 이동한 거리

yT = T, [$y$의 최솟값, $y$의 최댓값]

**[단계 2] $y$축에 평행하며, $y$축 왼쪽으로 2만큼 떨어지고, $y$값 최대 2, 최소 -3 인 선분을 그린다.**

① 함수식 입력

[F3](Type) [F3](Parm)

xT1=−2

yT1=[X,θ,T],[−3,2] [EXE]

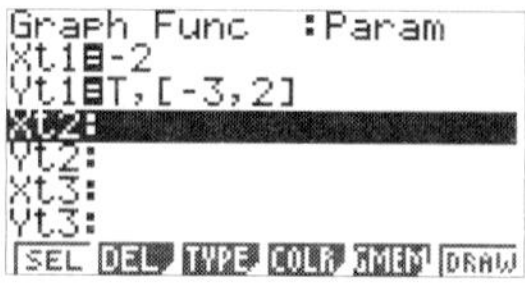


매개변수를 선택한다.
여기서 [X,θ,T]는 변수 T이다.

② 화면설정

[Shift] V-Window

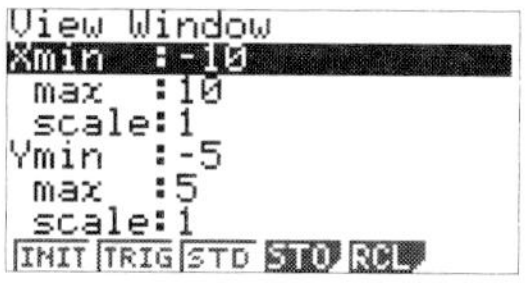


범위를 고려하여 설정하고 [EXE].

③ 그리기

[F6](DRAW)

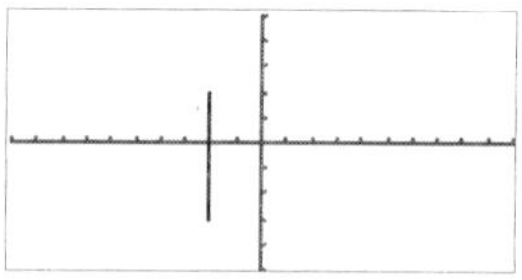

※ $y$(yT)의 범위는 반드시 대괄호 [ ] 안에 쓰며, 이를 생략하면 직선이다.

**[질문 1]** 그래픽계산기에 함수식이 아래 그림과 같이 입력되어 있습니다.

모두 몇 개의 함수식이 입력되어 있나요?
이 상태에서 [F6](DRAW)를 눌러 그래프를 그리면 몇 개의 그래프가 그려질까요?
그래프의 모양을 추측해 보고, 계산기로 이를 확인해봅시다.

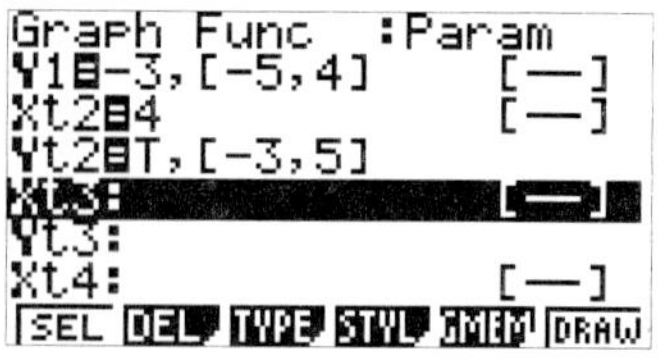

## 발전과제

1. 다음 그림과 같이 (−2, 2), (8, 2), (−3, −3), (8, −3)를 꼭짓점으로 하는 직사각형을 그래픽계산기에 그렸습니다.

목표그래프

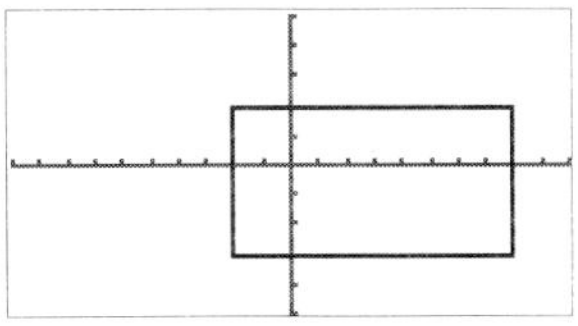

※ 참고: 화면 설정

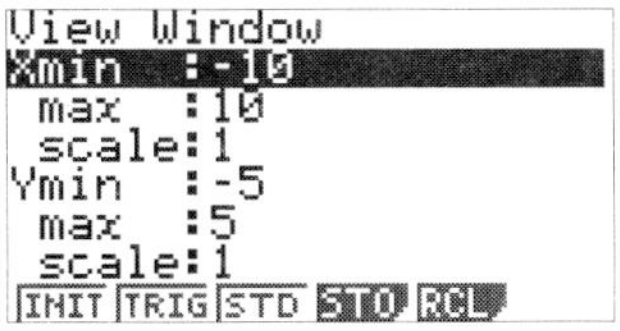


이 계산기에 입력된 함수식 일부는 다음과 같습니다. 빈칸에 나머지 식을 써 넣으세요.

Y1= 2, [−2, 8]
Y2= ______________________
X3T= −2
Y3T= T, [−3, 2]
X4T= ______________________
Y4T= ______________________

2. 그래프계산기를 사용하여 수평선과 수직선이 포함된 여러 가지 도형을 그려봅시다.

| | 나의 함수식 | 내가 그린 그림 | V-Window 설정 |
|---|---|---|---|
| 1 | | | |
| 2 | | | |
| 3 | | | |

# 7 모양만들기 / 변형하기

**활동**

그래픽계산기 [GRAPH] 모드에서 여러 가지 모양을 화면에 그려봅시다.

**[활동 1] [GRAPH] 모드에서 다음과 같은 그림이 그래프계산기에 그려지도록 함수식을 입력하고 그래픽계산기로 자신의 답을 확인해봅시다.**

| | 그래픽계산기 화면 | V-Window 설정 | 함수식 |
|---|---|---|---|
| 1 | 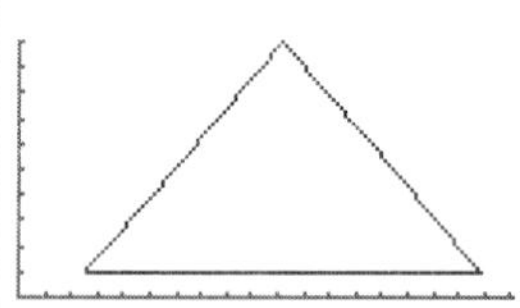 | 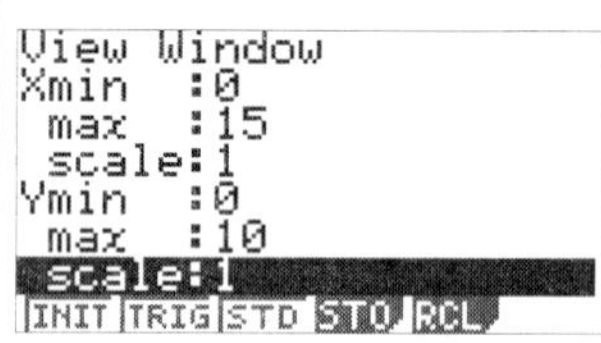 | Y1=<br>Y2=<br>Y3= |
| 2 | 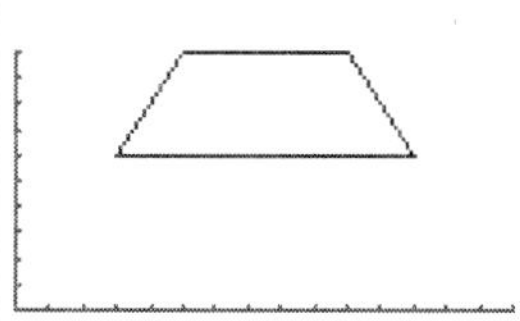 | 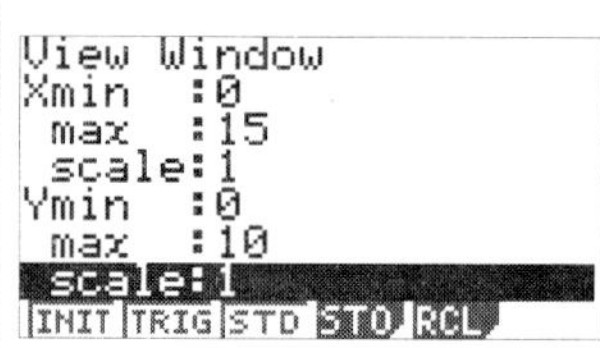 | Y1=<br>Y2= |
| 3 | 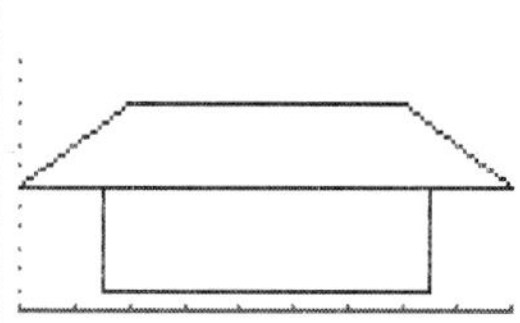 | 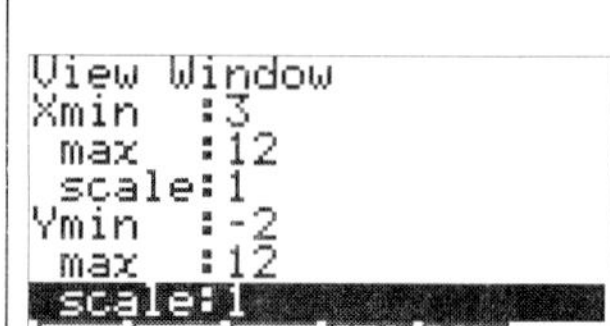 | Y1=<br>Y2=<br>Y3= |

[활동 2] 활동 1에서 그린 (1)과 (3)그래프의 모양이 각각 다음과 같이 바뀌도록 V-Windows의 설정을 적당히 바꾸어봅시다. 이때 동일한 함수식을 사용합니다.

| | 그래픽계산기 화면 | V-Window 설정 |
|---|---|---|
| 1 | 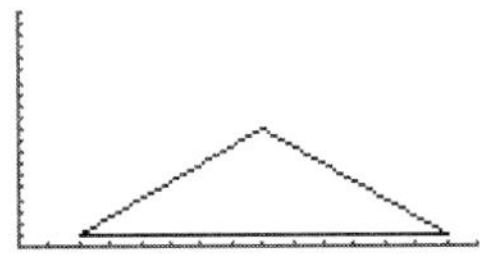 | |
| | 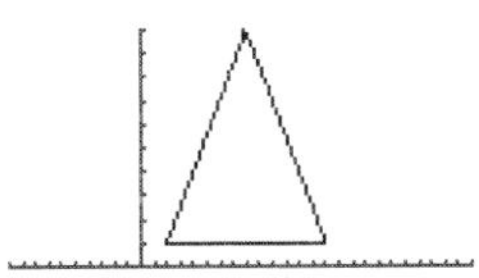 | |
| 3 | 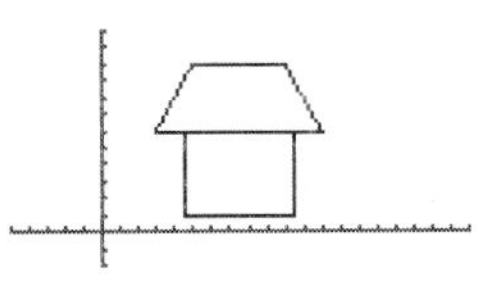 | |
| | 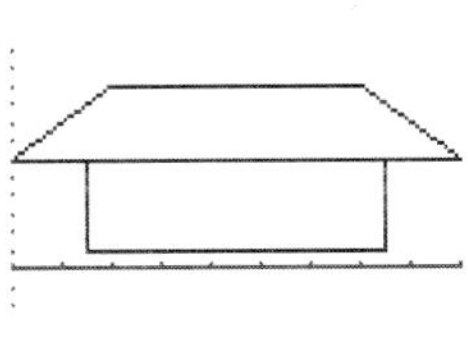 | |

# 8 이차함수 $y = Ax^2 (A \neq 0)$의 그래프 (1)

**활동**

대응표를 이용하여 이차함수 $y = Ax^2$의 그래프를 그리고, 그 그래프의 특징을 찾아본다.

**[활동전개]**

(1) $x$가 이산적인 경우에 $y = x^2$의 대응표를 만들고 그래프를 그린다.

(2) $x$의 간격을 보다 작게 설정하여 $y = x^2$의 대응표를 만들고 그래프를 그린다.

(3) 대응표를 만들어 $y = Ax^2 (A \neq 0)$의 그래프를 그린다.

## [단계 1] 환경을 다음과 같이 설정한다.

① 메뉴선택

MENU 7(TABLE)

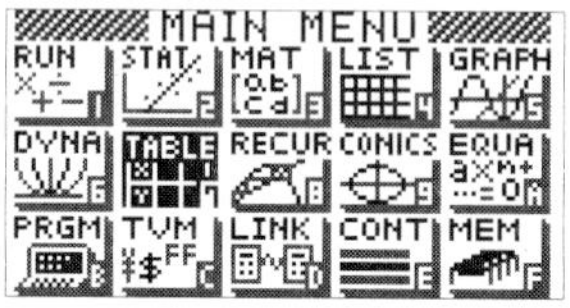


② 그래프 화면 설정

[Shift] V-Window

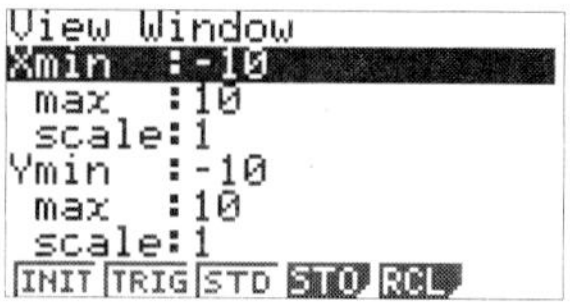


☆표준설정(STD)
☆값을 입력한 후 [EXE]를 누른다.

[Shift] SETUP

Dual Screen으로 이동

[F1] (T+G)

화면이등분 설정
(대응표+그래프)

**[단계 2] $x$를 $-4\leq x\leq4$ 범위에서 0.5간격으로 설정하여 $y=x^2$의 그래프를 그린다.**

① 함수식 입력

Y1= [X,θ,T] $x^2$

[EXE]

[X,θ,T] ^2로입력해도 된다.

② 범위설정

[F5] (RANG)

[EXE]

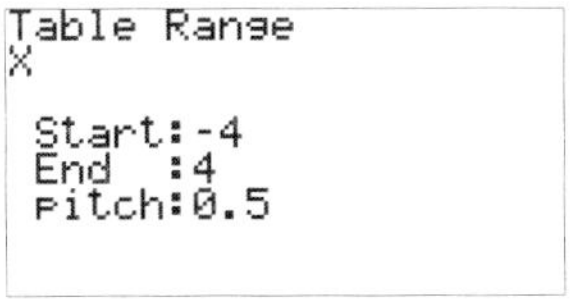


X={−4, −3.5, ⋯, 0, 0.5, ⋯, 3.5, 4}

③ 대응표 작성

[F6] (TABL)

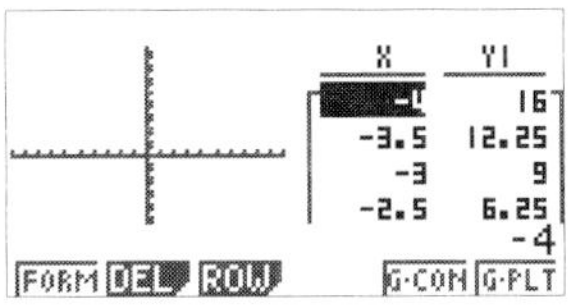


④ 그래프 그리기

[F6] (G-PLT)

**[질문] (1)** 대응표에 나타난 순서쌍 $(x, y)$의 개수는 몇 개입니까? 각 순서쌍이 나타내는 점을 그래프에서 찾을 수 있습니까?

______________________________

______________________________

______________________________

______________________________

**(2)** 그래프의 모양이 어떻게 나타났습니까? 각자 관찰한 사실들을 써 봅시다.

______________________________

______________________________

______________________________

______________________________

**[단계 3]** $x$**의 간격을 0.1로 재설정하고 단계 2의 활동을 반복한다.**

① 그래프 창에서 나오기
EXIT

② 간격 재설정
F5 (RANG)

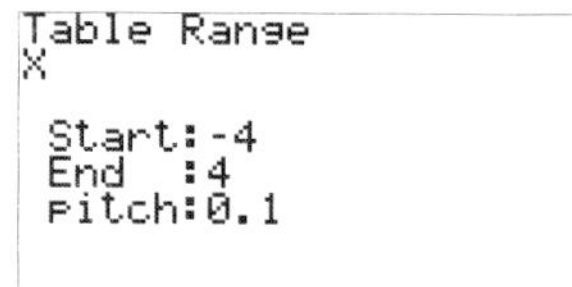


③ 대응표 작성
F6 (TABL)

④ 그래프 그리기
F6 (G-PLT)

**[질문]** **(3)** 그래프의 모양이 어떻게 나타났습니까? $x$의 간격을 0.5로 했을 때의 그래프와 어떤 차이가 있습니까?

**(4)** 그래픽계산기 화면에서 $x = 3.9$일 때의 그래프(점)를 찾을 수 있습니까? 그때의 $y$값은 얼마입니까?

## 발전과제

**1.** $x$가 $\{-3, -2.5, -2, -1.5, -1, -0.5, 0, 0.5, 1, 1.5, 2, 2.5, 3\}$의 원소일 때 $y=-x^2$과 $y=0.5x^2$ 각각에 대하여 대응표를 완성하고, 그래프를 모눈종이에 그려 봅시다.

(1) $y=-x^2$

[대응표]

| $x$ | $-3$ | $-2.5$ | $-2$ | $-1.5$ | $-1$ | $-0.5$ | 0 | 0.5 | 1 | 1.5 | 2 | 2.5 | 3 |
|---|---|---|---|---|---|---|---|---|---|---|---|---|---|
| $y$ | | | | | | | | | | | | | |

[$y=-x^2$ 의 그래프]

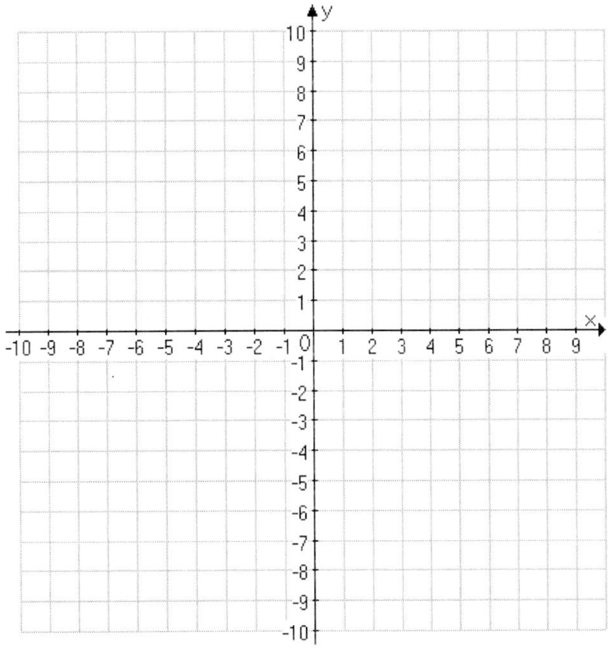

(2) $y=0.5x^2$

[대응표]

| $x$ | $-3$ | $-2.5$ | | $-1.5$ | | $-0.5$ | 0 | 0.5 | 1 | | 2 | | 3 |
|---|---|---|---|---|---|---|---|---|---|---|---|---|---|
| $y$ | | | | | | | | | | | | | |

[$y=0.5x^2$의 그래프]

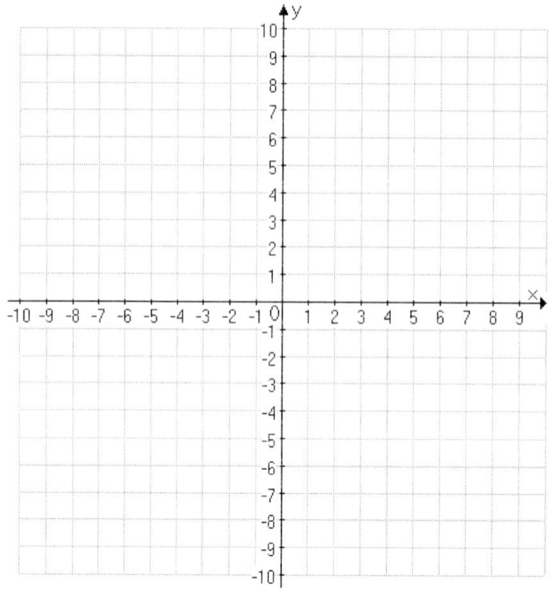

2. 그래픽 계산기를 이용하여 1번의 답을 확인해 봅시다.

| |
|---|
| MENU 7 (TABLE) |
| Shift V-Window (표준 STD) |
| Shift SETUP (Dual Screen: T+G) |
| 범위설정 Start: −3 End: 3 Pitch: 0.5 |

3. $x$의 범위를 $-3$ 이상 3 이하인 모든 수라고 할 때, 위 1번의 (1), (2)의 그래프는 어떻게 그려집니까?

4. 그래프를 연속적으로 그리게 하는 다음의 활동으로 각자의 생각이 옳은지 확인해 봅시다.

| | |
|---|---|
| ① 그래프 창에서 나오기 | EXIT |
| ② 대응표 작성 | F6(TABL) |
| ③ 연속그래프 그리기 | F5(G-CON) |

여러분의 예측이 맞았습니까? 연속적으로 그려진 그래프의 모양을 설명해 봅시다.

# 9 이차함수 $y=Ax^2(A\neq 0)$의 그래프 (2)

**활 동**

이차함수 $y=Ax^2$ 의 그래프를 그리고, 그 특징을 찾아본다.

**[활동전개]**

(1) $y=Ax^2\,(A\neq 0)$ 형태의 여러 가지 그래프를 그린다.

(2) $y=Ax^2\,(A\neq 0)$ 의 그래프의 특징을 탐구한다.

**[단계 1] [GRAPH] 모드에서 $y=2x^2$의 그래프를 그린다.**

① 메뉴선택

MENU 5(GRAPH)

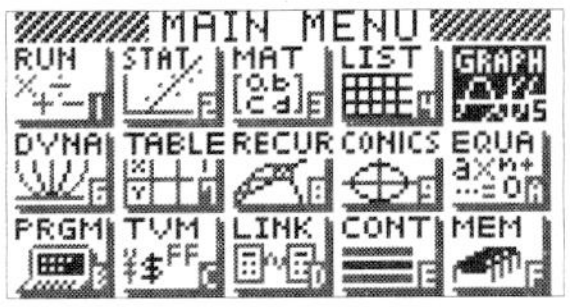


② 그래프 화면 설정

[Shift] V-Windows

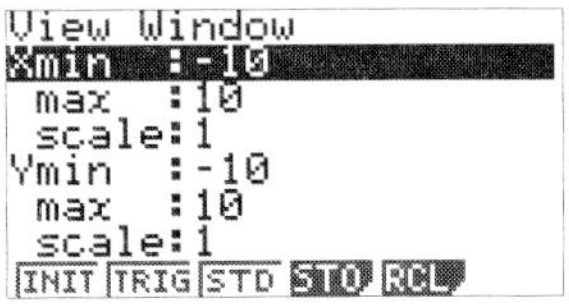


표준(STD)설정

③ 함수식 입력

Y1= 2 [X,θ,T] $x^2$

Y2= [X,θ,T] $x^2$

Y3= ( 1 ÷ 3 ) [X,θ,T] $x^2$

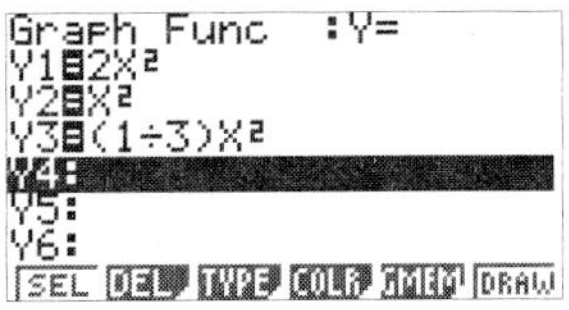


[X,θ,T] $x^2$ 대신 [X,θ,T]^2로 입력해도 된다.

④ 각 함수식에 커서를 놓은 후
COLR(F4)
F1-F3 중에서 하나를 선택
하고 EXE

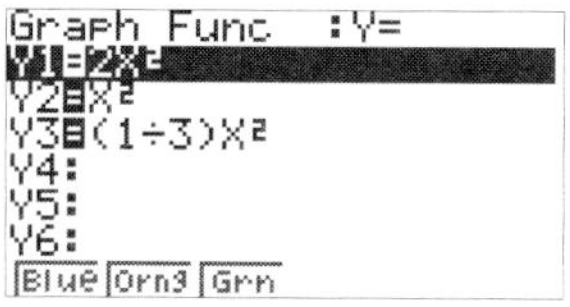


☆Y1, Y2, Y3 그래프색을 달리 지정한다.

⑤ 그래프 그리기
F6(DRAW)

**[질문]** (1) $y = 2x^2$ 의 그래프를 관찰하여 다음 물음에 답해봅시다.

(i) $x$가 증가함에 따라 $y$값이 어떻게 변합니까?

_______________________________________________

_______________________________________________

_______________________________________________

_______________________________________________

(ii) 최댓값(또는 최솟값)이 있습니까? 있다면 종류와 크기는 각각 얼마입니까?

_______________________________________________

_______________________________________________

_______________________________________________

_______________________________________________

※ Shift [Trace] 또는 Shift [G-Solve]-[Max]([Min])으로 최대(최소)값을 찾는다.

(iii) 대칭성을 발견할 수 있습니까? 있다면 종류와 대칭축(또는 대칭의 중심)은 각각 얼마입니까?

_______________________________________________

_______________________________________________

_______________________________________________

_______________________________________________

(2) Y2와 Y3에 각각 $y=x^2$, $y=\frac{1}{3}x^2$을 추가 입력하여 $y=2x^2$, $y=x^2$, $y=\frac{1}{3}x^2$의 세 그래프를 동일 좌표평면에 그리고 그래프의 공통점과 차이점을 각각 서술해 봅시다.

공통점

차이점

**[단계 2] 계산기에 내장된 DYNA기능을 이용하여, $A$ 값의 변화에 따른 함수 $y=Ax^2$의 그래프의 변화를 관찰한다. 그래프를 그린다.**

① 메뉴선택

MENU 6(DYNA)

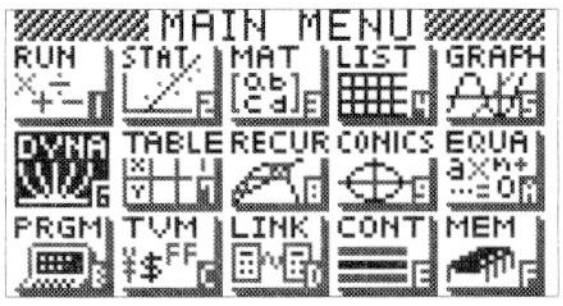


② 그래프 화면설정

Shift SETUP

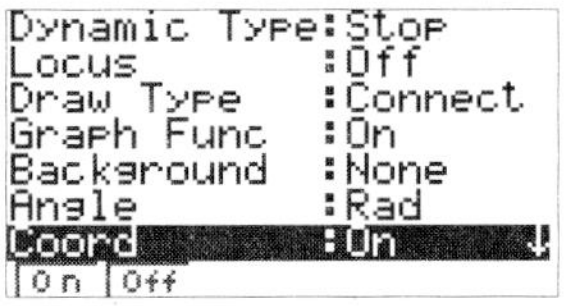


③ 함수식 입력

Y1= ALPHA A (X,θ,T) $x^2$

(EXE)

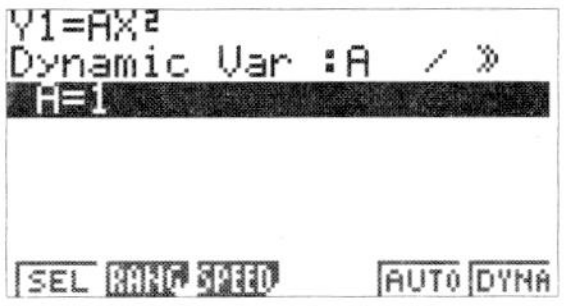


A의 초기값은 임의로 설정해도 된다.

④ 범위설정

F2(RANG)

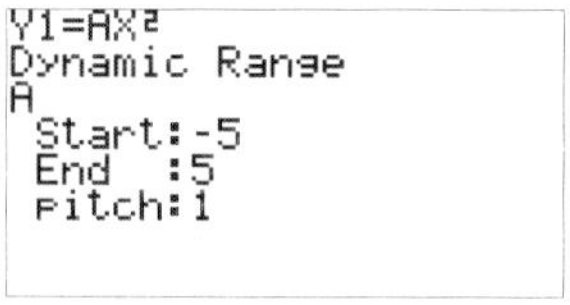


☆ 만일 그래프가 움직이는 자취를 보여 주려면, Shift SETUP ▼를 사용하여 Locus로 커서를 이동 F1(On)

⑤ 그래프 그리기

F6(DYNA)

**[질문]** (3) $y = Ax^2$ 의 그래프들의 특징을 관찰해 봅시다.

(i) $A$ 의 값에 관계없이 항상 지나는 점이 있습니까? 있다면 그 점의 좌표는 얼마입니까?

(ii) 대칭성이 있습니까? 있다면 대칭축 또는 대칭의 중심은 무엇입니까?

(4) $y = Ax^2$ 의 그래프 모양이 $A$ 의 부호와 어떤 관계가 있습니까?

(i) $A$ 가 양수일 때,

(ii) $A$ 가 음수일 때,

(iii) $A = 0$ 일 때 그래프가 그려집니까? 그려진다면 그래프의 모양을 설명해 봅시다.

(5) $y = Ax^2 (A > 0)$ 에서 $A$ 의 크기가 그래프 모양과 어떤 관련이 있습니까?

(6) $y = Ax^2 (A < 0)$ 에서 $A$ 의 크기가 그래프 모양과 어떤 관련이 있습니까?

(7) $y = Ax^2 (A \neq 0)$ 의 그래프의 모양은 $A$ 의 절대값($|A|$)의 크기와 어떤 관계가 있습니까?

## 탐구 및 발전과제

1. 아래의 오른쪽 그림은 함수 ①~⑤ 중 네 개의 그래프를 그래픽계산기에 그린 것입니다.

| | |
|---|---|
| ① $y=-x^2$<br>② $y=-\frac{1}{2}x^2$<br>③ $y=\frac{1}{2}x^2$<br>④ $y=x^2$,<br>⑤ $y=2x^2$ | 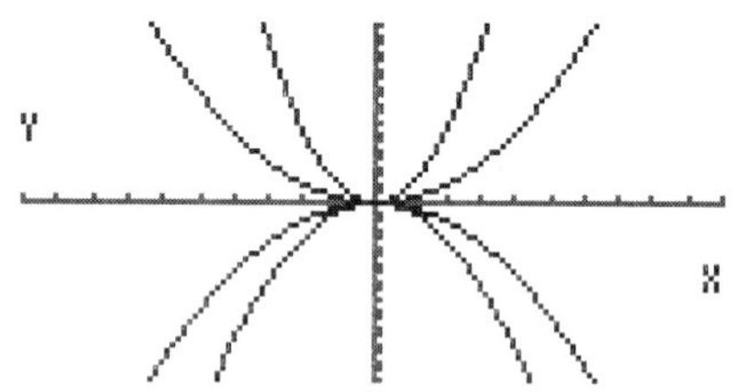 |



(1) 위의 함수 ①~⑤ 중에서 오른쪽에 그래프가 그려지지 않은 한 개의 식이 무엇인지 말해 봅시다.

무엇을 근거로 답을 구했습니까?

(2) 나머지 한 개의 그래프를 같은 좌표평면에 그려 넣어 봅시다.

**2.** 다음 이차함수의 대응표를 만들고 그래프를 그려 봅시다.

(1) $y=-x^2$　　　(2) $y=2x^2$　　　(3) $y=0.5x^2$

(1) $y=-x^2$

| $x$ | $y$ |
|---|---|
| $-3$ | |
| $-2.5$ | |
| $-2$ | |
| $-1.5$ | |
| $-1$ | |
| $-0.5$ | |
| 0 | |
| 0.5 | |
| 1 | |
| 1.5 | |
| 2 | |
| 2.5 | |
| 3 | |

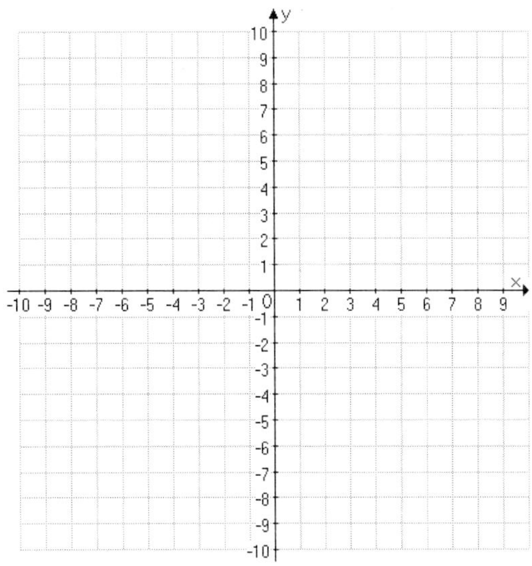

(2) $y=2x^2$

| $x$ | | | | | | | |
|---|---|---|---|---|---|---|---|
| $y$ | | | | | | | |

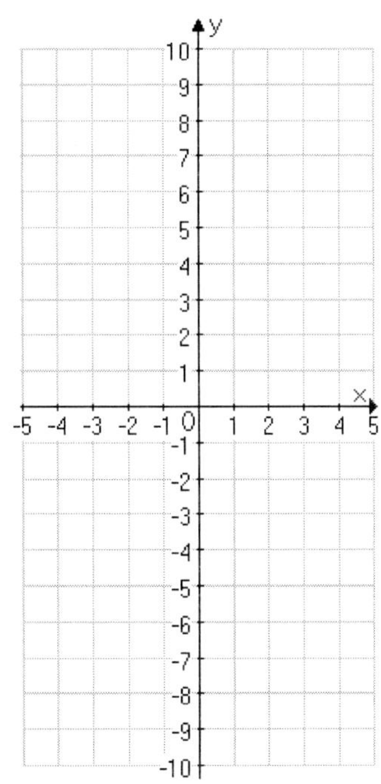

(3) $y=0.5x^2$

| $x$ | $-3$ | $-2$ | | | | | |
|---|---|---|---|---|---|---|---|
| $y$ | | | | | | | |

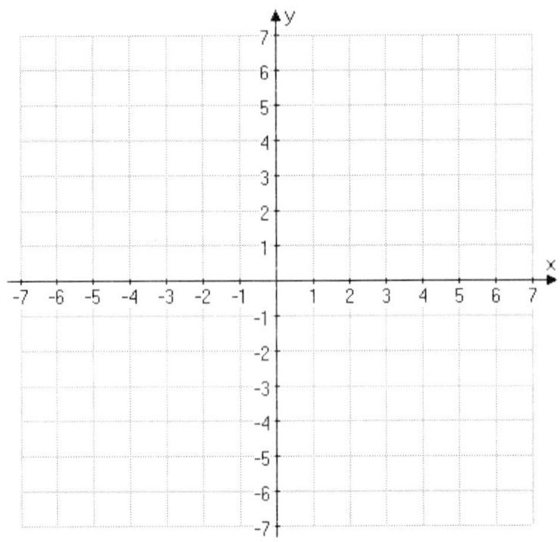

**3.** $y=Ax^2$의 그래프와 $y=-Ax^2$의 그래프는 어떤 관계에 있습니까?

# 10 이차함수 $y = Ax^2 + Q(A \neq 0)$의 그래프

**활동**

이차함수 $y = Ax^2 + Q$의 그래프를 그리고, 그래프에서 $Q$의 역할을 탐구한다.

**[활동전개]**

(1) $y = x^2$, $y = x^2 + 1$, $y = x^2 - 1$, $y = x^2 + 2$의 그래프의 특징을 탐색한다.

(2) $y = Ax^2 + Q(A \neq 0)$의 그래프의 특징을 $y = Ax^2 (A \neq 0)$의 그래프와 비교하여 관찰한다.

**[단계 1] $y = x^2$, $y = x^2 + 1$, $y = x^2 - 1$, $y = x^2 + 2$의 그래프를 같은 좌표평면에 그린다.**

① 메뉴선택

MENU 5(Graph)

② 그래프 화면설정

Shift V-Window

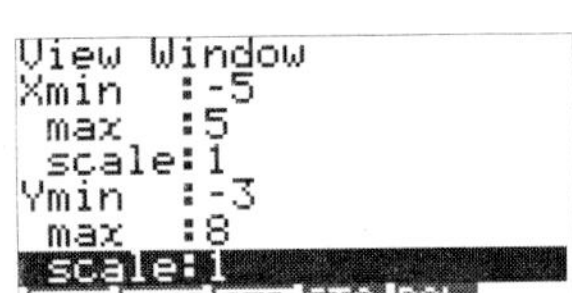


③ 함수식 입력

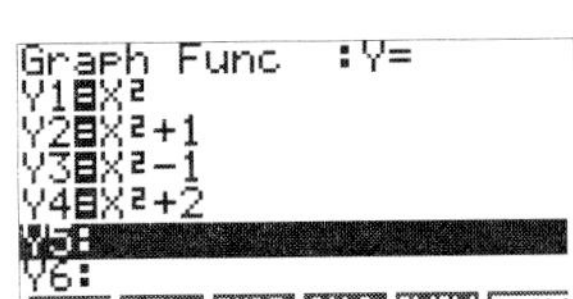


각 그래프의 색을 다르게 하려면 커서를 각 함수식에 두고 F4(COLR)으로 색을 지정한다.

④ 그래프 그리기

F6(Draw)

**[질문]** (1) $y=x^2$, $y=x^2+1$, $y=x^2-1$, $y=x^2+2$ 의 그래프에서 공통점과 차이점은 각각 무엇입니까?

공통점

차이점

(2) $y=x^2$의 그래프를 평행이동하여 $y=x^2+1$, $y=x^2-1$, $y=x^2+2$ 의 그래프를 각각 그릴 수 있겠습니까?

그렇게 생각하는 이유는 무엇입니까?

(3) [TRACE] 기능을 사용하여 동일한 임의의 $x$ 좌표에 대한 각 그래프의 $y$ 좌표를 다음 표에 각각 기록해 봅시다.

| X | Y1 | Y2 | Y3 | Y4 |
|---|---|---|---|---|
| | | | | |
| | | | | |
| | | | | |
| | | | | |

☆ Shift F1(Trace)▲/▼ 키를 사용하여, 위 아래의 그래프로 커서를 이동하여 y값들을 차례로 기록한다.

$y = x^2$, $y = x^2 + 1$, $y = x^2 - 1$, $y = x^2 + 2$의 그래프는 서로 평행이동 관계에 있습니까?

만일 그렇다면 각각을 어느 방향으로 얼마만큼 평행이동한 것인지 말해봅시다.

$y = x^2 + 1$은 $y = x^2$을 ___방향으로 ___만큼 평행이동한 것.

$y = x^2 - 1$은 $y = x^2$을 ___방향으로 ___만큼 평행이동한 것.

$y = x^2 + 2$은 $y = x^2 + 1$을 ___방향으로 ___만큼 평행이동한 것.

(4) $y = 2x^2 + 1$, $y = 2x^2 - 3$의 그래프가 $y = 2x^2$의 그래프와 비교하여 각각 어떻게 그려질 것인가를 예측해 보고 그래픽 계산기로 이를 확인해 봅시다.

**[단계 2] [Dyna]기능을 이용하여 $y = 2x^2 + Q$의 그래프를 그린다.**

① 메뉴선택

MENU 6(DYNA)

② 그래프 화면설정

Shift V-Window

(v-window 설정)

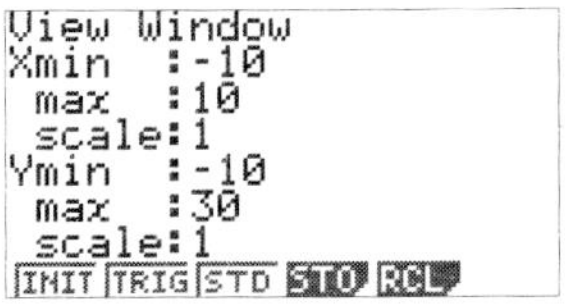


☆ 값을 입력한 후, EXE 를 누른다.

③ 함수식 입력

Y1= 2 (X,θ,T) $x^2$ + ALPHA Q

(EXE)

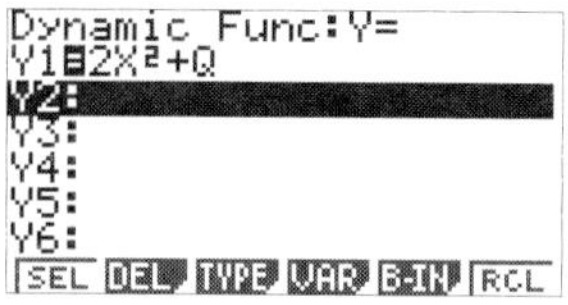


④ 범위설정

F2(RANG)

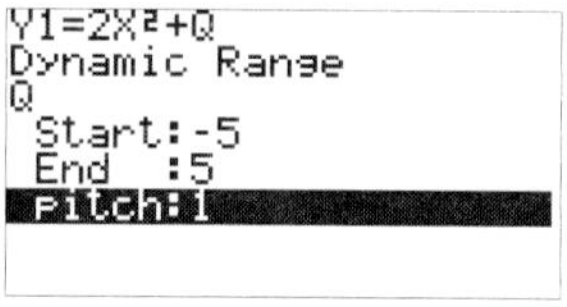


⑤ 그래프 그리기

F6(DYNA)

* 참고: ☆ Dynamic Range을 다르게 설정할 수 있다.

☆ 다음과 같이 환경을 설정하면 그래프가 움직이는 자취(Locus)를 볼 수 있다.

Shift SETUP ▼를 사용하여 커서를 Locus로 이동 F1(On)

**[질문]** (4) 이차함수 $y = 2x^2 + Q$의 그래프가 어떻게 움직입니까?

(5) $y = 2x^2 + Q$의 그래프에서 $Q$의 크기가 그래프와 어떤 관련이 있습니까?

**과제 1.**

다음 중 서로 평행이동 관계에 있을 것으로 추측되는 함수족(family)을 나타낸 그래프 화면을 찾아봅시다.

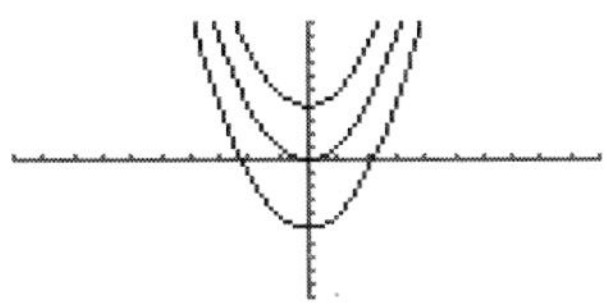

(1)

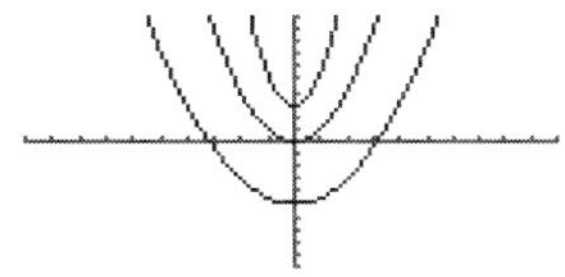

(2)

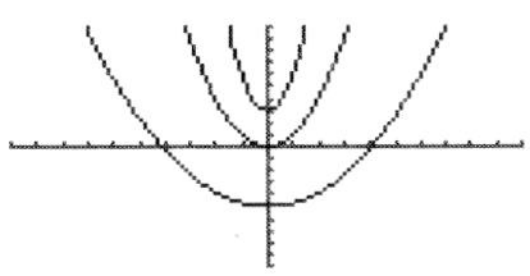

(3)

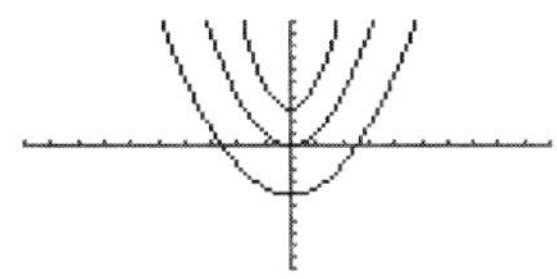

(4)

## 탐구 및 발전과제

1. $y=-2x^2$, $y=2x^2+3$, $y=2(x^2-1)$의 그래프를 $y=2x^2$의 그래프와 비교하여 서술해 봅시다.

2. $y=Ax^2+Q$의 그래프에 대하여 다음 물음에 답하여 봅시다.

(1) $A$는 어떤 역할을 합니까?

(2) $Q$는 어떤 역할을 합니까?

(3) 그래프에 대하여 꼭짓점, 대칭축을 말하고, $y=Ax^2$과의 관계를 써 봅시다.

(4) $y=Ax^2+Q$의 그래프와 $y$축에 관하여 대칭인 그래프의 함수식을 써 봅시다.

(5) $y=Ax^2+Q$의 그래프와 $x$축에 관하여 대칭인 그래프의 함수식을 써 봅시다.

# 11 이차함수 $y=A(x-P)^2+Q$의 그래프

**활 동**

이차함수$y=A(x-P)^2+Q$의 그래프에서 $P$의 역할을 탐구한다.

**[활동전개]**

(1) $y=(x-P)^2$ 의 그래프를 그리고 그래프의 특징을 탐색한다.

(2) $y=A(x-P)^2$ 의 그래프의 특징을$y=Ax^2\,(A\neq 0)$ 의 그래프와 비교하여 관찰한다.

(3) $y=A(x-P)^2+Q$의 그래프를 그리고 그래프의 특징을 탐색한다.

**[단계 1] $y=x^2$, $y=(x-1)^2$, $y=(x-2)^2$ 의 그래프를 같은 좌표평면에 그린다.**

① 메뉴선택

MENU 5(GRAPH)

② 그래프 화면 설정

[Shift] V-Window

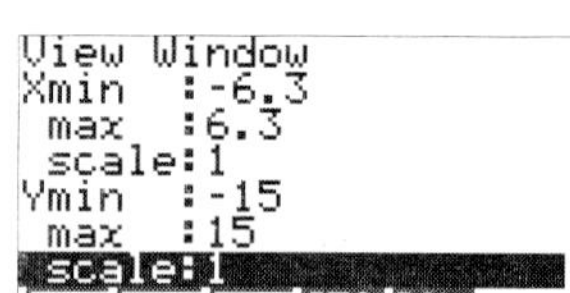


③ 함수식 입력

Y1= [X,θ,T] $x^2$ [EXE]

Y2= ([X,θ,T] -1) $x^2$ [EXE]

Y3= ([X,θ,T]-2) $x^2$ [EXE]

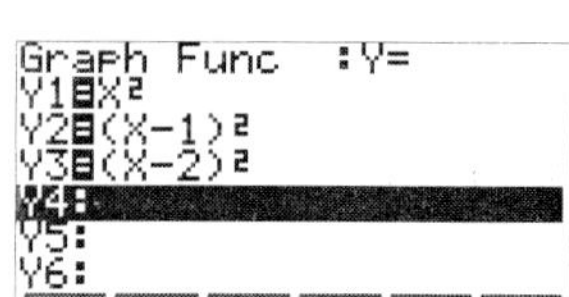


Y1, Y2, Y3의 그래프 색을 각기 달리 설정한다.

④ 그래프 그리기

F6(Draw)

**[질문]** (1) Y1, Y2, Y3의 그래프에서 공통점과 차이점은 각각 무엇입니까?

공통점

차이점

(2) 각 그래프에서 [TRACE] 기능을 이용하여 임의의 $x$값에 대한 $y$값을 써 넣으세요.

| x | Y1 | Y2 | Y3 |
|---|---|---|---|
| | | | |
| | | | |
| | | | |
| | | | |
| | | | |

☆ Shift F1(Trace) ▲/▼ 키를 사용하여, 위 아래의 그래프로 커서를 이동하여 y값들을 확인하여 기록한다.

**[단계 2]** $y=x^2,\ y=(x-1)^2,\ y=(x-2)^2$ **의 대응표를 만들어 그래프를 그린다.**

① 메뉴선택

MENU 7(TABLE)

② 범위설정

F5(RANG)

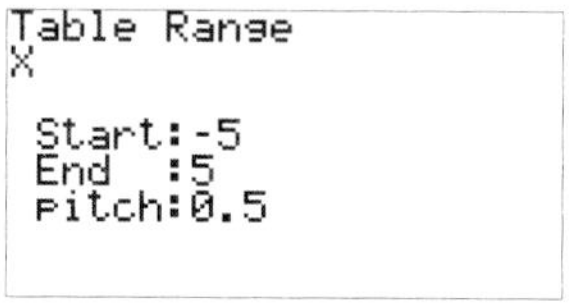


③ 대응표 그리기

F6(TABL)

☆ ▶을 누르면 Y2와 Y3의 값을 계속해서 볼 수 있다.

④ 그래프

**[질문] (3)** $x=1$ 일 때, $y=x^2$ 의 함숫값은 얼마입니까?

**(4)** $x=2$ 일 때, $y=(x-1)^2$ 의 함숫값은 얼마입니까?

**(5)** $x=3$ 일 때, $y=(x-2)^2$ 의 함숫값은 얼마입니까?

여기서 $y=(x-1)^2$ 의 그래프는 $y=x^2$ 의 그래프를 $x$ 축 방향으로 ______만큼 평행이동한 것으로 설명할 수 있습니다.

## [단계 3] [DYNA] 기능을 이용하여 $y=A(x-P)^2$의 그래프를 그린다.

① 메뉴선택

MENU 6(DYNA)

② 그래프 화면설정

Shift SETUP

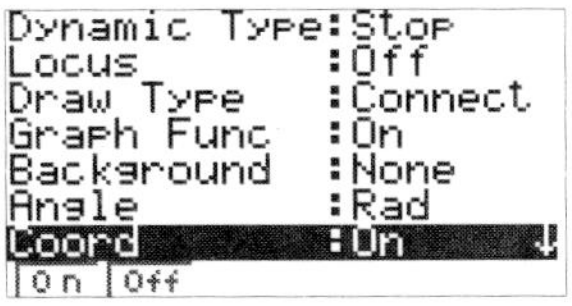


③ 함수식 입력

Y1= ALPHA A ( X,θ,T −

ALPHA P)$x^2$

EXE

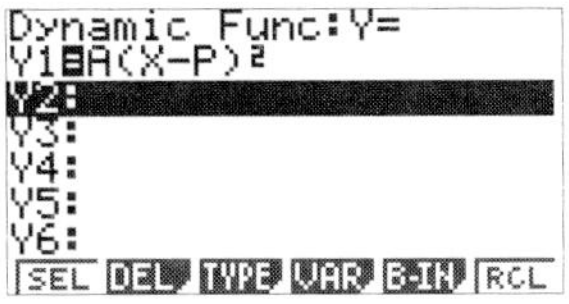


☆ Y2, Y3 식의 그래프는 F1(SEL을 눌러서 그리지 않도록 설정하거나 또는 F2(DEL)을 눌러서 지운다.

④ 변수지정

F4(VAR)

커서를 A로 이동하고

F1(SEL)

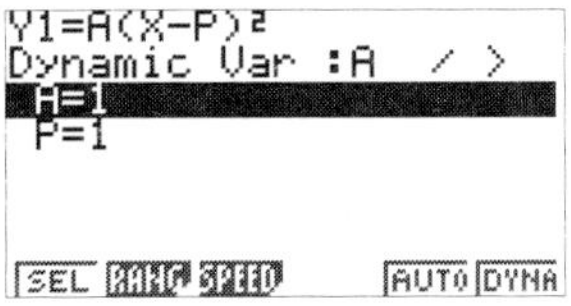


☆ Dynamic Var : A로 설정 된다.

☆ P값은 임의의 값을 입력한다.

⑤ 범위설정

F2(RANG)

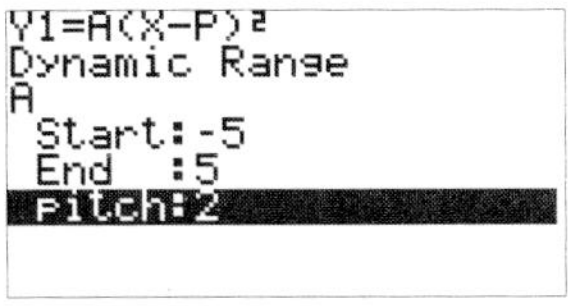


⑥ 그래프의 속도 조절

F3(SPEED)

커서를 Slow로 이동하고

F1(SEL) EXE

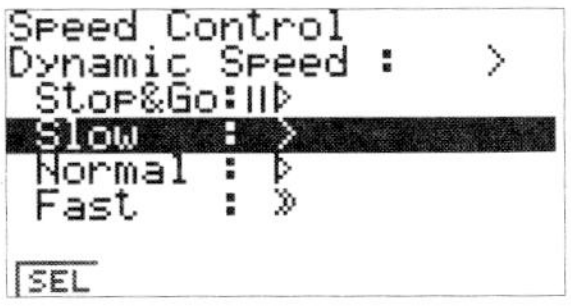


⑦ 그래프 그리기

F6(DYNA)

☆ DYNA 그래프 창에서 나오기 위해서는 AC/ON EXIT를 누른다.

* 참고: ☆ Dynamic Range을 다르게 설정해 볼 수 있다.

☆ 만일 그래프가 움직이는 자취를 보여주고 싶다면, 다음과 같이 환경을 설정한다.

[Shift SETUP ▼를 사용하여 Locus로 커서를 이동 F1(On)]

[질문] (6) 이차함수의 그래프 $y = A(x-P)^2$ 가 $P$가 고정될 때, $A$ 값에 따라 어떻게 변화합니까?

________________________________________

________________________________________

(7) $y = A(x-P)^2$ 에서 $A$를 고정시키고 $P$를 변화시켰을 때, 그래프 모양은 어떻게 변화합니까?

________________________________________

________________________________________

※ A를 고정시키고, P를 변화시키기 위해서는 다음과 같이 조작한다.

⑤ 변수지정

F4(VAR)

커서를 P로 이동하고

F1(SEL)

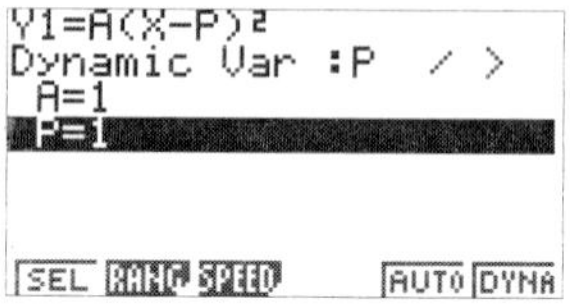


☆ Dynanic Var P로 설정된다.

⑥ 범위설정

F2(RANG)

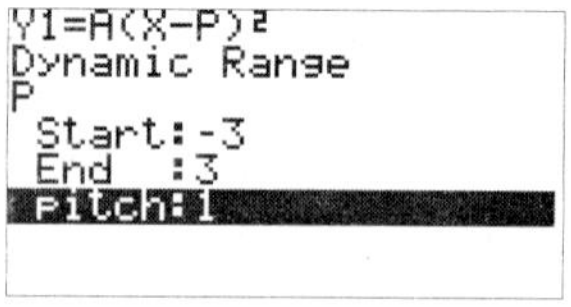


⑦ 그래프 그리기

F6(DYNA)

## [단계 4] [DYNA]기능을 이용하여 $y=A(x-P)^2+Q$의 그래프를 그린다.

① 메뉴선택

MENU 6(DYNA)

② 그래프 화면설정

[Shift] V-Window

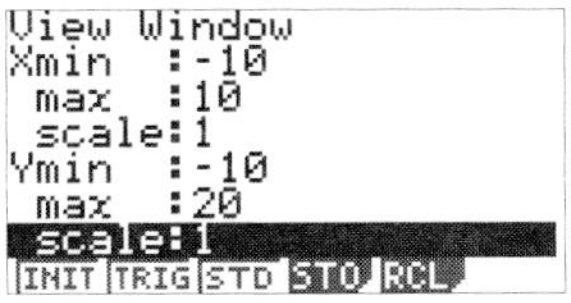


③ 함수식 입력

Y1= ALPHA A ( [X,θ,T] -

ALPHA P ) $x^2$ + ALPHA Q

[EXE]

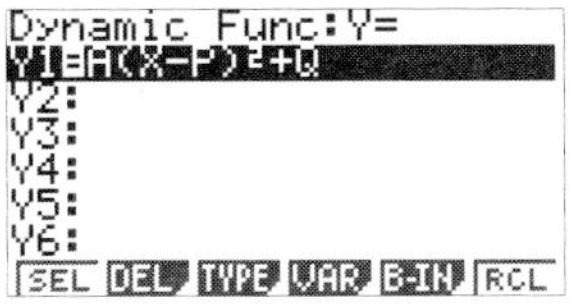


④ 변수 지정

커서를 $P$로 이동하고

[F1](SEL)

☆ A, Q는 임의의 값을 입력한다.

⑤ $P$의 범위설정

[F2](RANG)

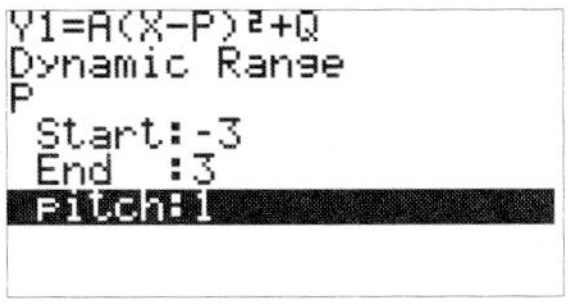


☆ 변수를 바꾸어 지정하고 활동을 반복한다.

⑥ 그래프의 속도 조절

[F3](SPEED)

커서를 Slow로 이동하고

[F1](SEL) [EXE]

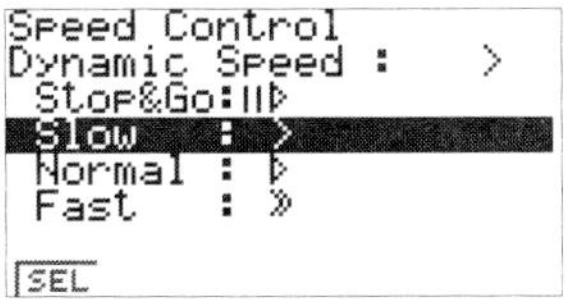


⑦ 그래프 그리기

[F6](DYNA)

* 참고: ☆ Dynamic Range을 다르게 설정해 볼 수 있다.

**[질문]** (8) 이 활동의 결과 $y=A(x-P)^2+Q$와 $y=x^2$의 그래프 사이의 관계에서 $P$와 $Q$의 역할은 무엇입니까? 두 그래프 사이의 관계를 평행이동이라는 용어를 사용하여 서술해 봅시다.

______________________________________________

______________________________________________

## 탐구 및 발전과제

**1.** $y=(x-P)^2+Q$의 그래프를 간단히 그리는 방법에 대하여 논의해 봅시다.

**2.** 1에서 논의한 방법에 따라, 다음 함수의 그래프를 각각 그려 봅시다.

(1) $y=(x-1)^2+2$　　(2) $y=(x+3)^2+2$　　(3) $y=(x-4)^2-3$

**3.** 다음 함수에서 최댓값(또는 최솟값)을 구해 봅시다.

① $y=(x-2)^2+3$ : ____________________

② $y=(x+3)^2+1$ : ____________________

③ $y=(x+1)^2-2$ : ____________________

④ $y=(x-5)^2-3$ : ____________________

**4.** $y=A(x-P)^2+Q$와 $y=x^2$의 그래프의 특징을 각각 서술하고 두 그래프 사이의 관계를 써 봅시다.

# 12 이차함수 $y=Ax^2+Bx+C$의 그래프

활 동

[Dyna] 모드에서 A, B, C를 차례로 변화시키며 $y=Ax^2+Bx+C$의 그래프에서 A, B, C의 역할을 관찰한다.

**[단계 1] 다음과 같이 환경을 설정한다.**

① 메뉴선택

MENU 6(DYNA)

② 그래프 화면 설정

SHIFT F3(V-Window)

Xmin = −6.3  Xmax = 6.3  Xscale = 1

Ymin = −6  Ymax = 6  Yscale = 1

**[단계 2] 계수 A의 값의 변화시키며 $y=Ax^2+Bx+C$의 그래프를 그린다.**

① 함수식 입력

Y1로 커서를 이동하고

A (X,θ,T) $x^2$ + ALPHA B (X,θ,T) +

ALPHA C (EXE)

② 변수지정 및 초기값 설정

F4(VAR)

A로 커서를 이동 F1 (SEL)

B=1 C=1

☆ Dynamic Var : A 로 설정된다.

③ 변수 A의 범위 설정

F2(RANG)

Start: −3 End: 4 Pitch: 2

☆ 초기값은 임의의 값을 입력한다.

④ 그래프 속도 조절

F3(SPEED)

Stop & Go로 커서를 이동하고

F1(SEL) EXE

⑤ 그래프 그리기

F6(DYNA) EXE

☆ EXE를 누를 때마다 지정한 변수 값에 따른 그래프의 변화를 볼 수 있다.

**[질문] (1)** 이차함수 $y = Ax^2 + Bx + C$에서 이차항의 계수 $A$를 변화시킬 때 그래프가 어떻게 달라집니까? 그래프에서 $A$의 역할은 무엇입니까?

________________________________________

________________________________________

________________________________________

**[단계 3] $B$의 값의 변화시키며 $y = Ax^2 + Bx + C$의 그래프를 그린다.**

① 그래프 창에서 나오기

AC/ON EXIT

② 변수지정 및 초기값설정

F4(VAR)

B로 커서를 이동 F1(SEL)

$A = 1\ C = 1$

☆ Dynamic Var : B로 설정된다.

③ 변수 B의 범위 설정

F2(RANG)

Start: −3 End: 3 Pitch: 1

☆ 초기값은 임의의 값을 입력한다.

④ 그래프 속도 조절

F3(SPEED)

Stop & Go 로 커서를 이동하고

F1(SEL) EXE

⑤ 그래프 그리기

F6(DYNA)

☆ EXE를 누르면 지정한 변수 값에 따른 그래프의 변화를 볼 수 있다.

**[질문] (2)** 함수 $y = Ax^2 + Bx + C$의 그래프에에서 1차항의 계수 $B$의 역할은 무엇입니까?

________________________________________

________________________________________

**[단계 4] 계수 $C$의 값의 변화시키며 $y = Ax^2 + Bx + C$의 그래프를 그린다.**

① 그래프 창에서 나오기

AC/ON EXIT

② 변수지정 및 초기값설정

F4(VAR)

C로 커서를 이동 F1(SEL)

$A=1B=2$

☆ Dynamic Var : C로 설정된다.

④ 변수 C의 범위설정

F2(RANG)

Start: −3 End: 2 Pitch: 1

☆ 초기값은 임의의 값을 입력한다.

⑤ 그래프 속도 조절

F3(SPEED)

Stop & Go로 커서를 이동하고

F1(SEL) EXE

⑥ 그래프 그리기

F6(DYNA)

☆ EXE를 누르면 지정한 변수 값에 따른 그래프의 변화를 볼 수 있다.

**[질문]** **(3)** 이차함수 $y=Ax^2+Bx+C$에서 상수항 $C$의 역할은 무엇입니까?

**(4)** 이차함수$y=Ax^2+Bx+C$의 그래프에 대하여 $A$, $B$, $C$의 역할을 요약해 봅시다.

## 탐구 및 발전과제

1. 이차함수식은 $y=A(x-P)^2+Q$과 $y=Ax^2+Bx+C$의 두 가지 형태로 나타낼 수 있습니다.

   ① $y=A(x-P)^2+Q$ 형태의 2차함수 그래프에서 대칭축, 꼭짓점과 $y$절편, 꼭짓점의 좌표는 각각 무엇입니까?

   ② 이차함수 $y=2x^2+4x+1$을 $y=A(x-P)^2+Q$와 같은 형태의 식으로 변형해 봅시다.

2.

> $y=Ax^2+Bx+C(A\neq 0)$의 그래프에서
> 꼭짓점의 좌표는
> $$\left(-\frac{B}{2A},\ -\frac{B^2-4AC}{4A}\right)$$
> 대칭축의 식은 $x=-\dfrac{B}{2A}$ 이다.

위의 진술이 성립함을 보이시오.

3. $y=-3x^2+2x+1$의 그래프 개형을 그리고, 대칭축, $y$절편, 꼭짓점의 좌표를 각각 구해봅시다.

4. $y=2x^2+3x-1$의 그래프 개형을 그리고,대칭축과 $y$절편, 꼭짓점의 좌표를 구하시오.

5. $y=-x^2+3x-2$의 그래프를 스케치하고 대칭축과 $y$절편, 꼭짓점의 좌표를 구하시오.

# 13 3차함수 $y=Ax^3+Bx^2+Cx+D$의 그래프 (1)

**활동**

[Dyna] 모드에서 3차함수 $y=Ax^3+Bx^2+Cx+D$ 의 그래프에서 $A$, $B$, $C$, $D$ 의 역할을 탐색한다.

**[단계 1] 다음과 같이 환경을 설정한다.**

① 메뉴선택

MENU 6(DYNA)

② 그래프 화면설정

SHIFT F3(V-Window)

Xmin = −10　　Xmax = 10　　Xscale = 1

Ymin = −10　　Ymax = 10　　Yscale = 1

**[단계 2] 3차항의 계수 $A$ 를 변화시키며 $y=Ax^3+Bx^2+Cx+D$ 의 그래프를 그린다.**

① 함수식 입력

Y1로 커서를 이동하고

Y1$=Ax^3+Bx^2+Cx+D$

$x^3$ 은 (X,θ,T)^3으로 입력한다.

② 변수지정 및 초기값 설정

F4(VAR)

A로 커서를 이동 F1(SEL)

B= 0, C= 0, D= 0

☆ Dynamic Var : A로 설정된다.

③ 변수 A의 범위 설정

F2(RANG)

Start: −3 End: 3 Pitch: 1

☆ 초기값은 임의의 값을 입력한다.

④ 그래프 속도 조절

F3(SPEED)

속도를 선택하고 F1(SEL) EXE

⑤ 그래프 그리기

F6(DYNA)

**[질문]** (1) 3차함수 $y=Ax^3+Bx^2+Cx+D$ 에서 3차항의 계수 $A$ 를 변화시킬 때 그래프가 어떻게 달라집니까? 그래프에서 $A$ 의 역할은 무엇입니까? ($B$, $C$, $D$ 에 다른 값으로 고정시킨 후 다시 관찰하여 $A$가 그래프에 주는 영향을 발견한다.)

______________________________________________

______________________________________________

______________________________________________

______________________________________________

**[단계 3] 2차항의 계수 $B$를 변화시키며 $y=Ax^3+Bx^2+Cx+D$의 그래프를 그린다.**

① 그래프 창에서 나오기

AC/ON EXIT

② 변수지정 및 초기값설정

F4(VAR)

B로 커서를 이동 F1(SEL)

A= 1 C= 0 D= 1

☆ Dynamic Var : B로 설정된다.

③ 변수 B의 범위 설정

F2(RANG)

Start: −3 End: 3 Pitch: 1

☆ 초기값은 임의의 값을 입력한다.

④ 그래프 속도 조절

F3(SPEED)

속도를 선택하고

F1(SEL) EXE

⑤ 그래프 그리기

F6(DYNA)

**[질문] (2)** 함수 $y=Ax^3+Bx^2+Cx+D$의 그래프에서 2차항의 계수 $B$의 역할은 무엇입니까?($A$, $C$, $D$ 를 다른 값으로 고정시킨 후 주의깊게 관찰하여 $B$가 그래프에 주는 영향을 탐색한다.)

______________________________________________

______________________________________________

______________________________________________

**[단계 4] 계수 $C$와 $D$의 값을 차례로 변화시키며 $y=Ax^3+Bx^2+Cx+D$의 그래프를 그린다.**

① 그래프 창에서 나오기

AC/ON EXIT

② 변수지정 및 초기값설정

F4(VAR)

C로 커서를 이동 F1(SEL)

A= 1 B= 2 D= 1 (C= 1)

☆ Dynamic Var : C로 설정된다.

④ 변수 C(D)의 범위 설정

F2(RANG)

Start: −3 End: 3 Pitch: 1

☆ 초기값은 임의의 값을 입력한다.

⑤ 그래프 속도 조절

F3(SPEED)

속도 선택하고 F1(SEL) EXE

⑥ 그래프 그리기

F6(DYNA)

**[질문]** **(4)** 함수 $y=Ax^3+Bx^2+Cx+D$의 그래프에서 1차항의 계수 $C$의 역할은 무엇입니까? ($A$, $B$, $D$를 다른 값으로 고정시킨 후 주의 깊게 관찰하여 $B$가 그래프에 주는 영향을 탐색한다.)

______________________________________________

______________________________________________

______________________________________________

______________________________________________

**(5)** 함수 $y=Ax^3+Bx^2+Cx+D$의 그래프에서 상수항 $D$의 역할은 무엇입니까? ($A$, $B$, $C$를 다른 값으로 고정시킨 후 주의 깊게 관찰하여 $D$가 그래프에 주는 영향을 발견한다.)

______________________________________________

______________________________________________

______________________________________________

______________________________________________

(6) 함수 $y=Ax^3+Bx^2+Cx+D$의 그래프에서 $A$, $B$, $C$, $D$ 의 역할을 정리하여 써봅시다.

$A$: ______________________________

$B$: ______________________________

$C$: ______________________________

$D$: ______________________________

# 14 3차함수 $y=Ax^3+Bx^2+Cx+D$의 그래프 (2)

**활동**

3차함수 $y=Ax^3+Bx^2+Cx+D$의 그래프를 그리고, 그래프의 특징을 탐색한다.

**[활동전개]**

(1) 3차함수 $y=Ax^3+Bx^2+Cx+D$의 그래프를 그린다.

(2) 3차함수 그래프가 $x$축과 만나는 점의 개수를 관찰한다.

**[단계 1] 그래픽계산기를 사용하여, 다음 3차함수의 그래프를 그린다.**

(1) $y=4x^3+12x^2+3x-5$　　(2) $y=x^3-9x^2+23x-15$

(3) $y=-x^3+9x^2-23x+15$　　(4) $y=x^3-x^2-2x$

(5) $y=x^3-3x^2+4$

**[질문]** (1) 그래픽계산기에 그려진 각 그래프의 개형을 다음에 나타내 봅시다.

① $y=4x^3+12x^2+3x-5$

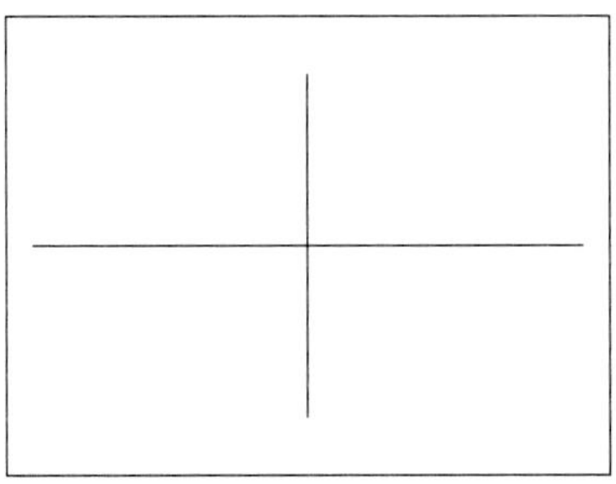

② $y=x^3-9x^2+23x-15$

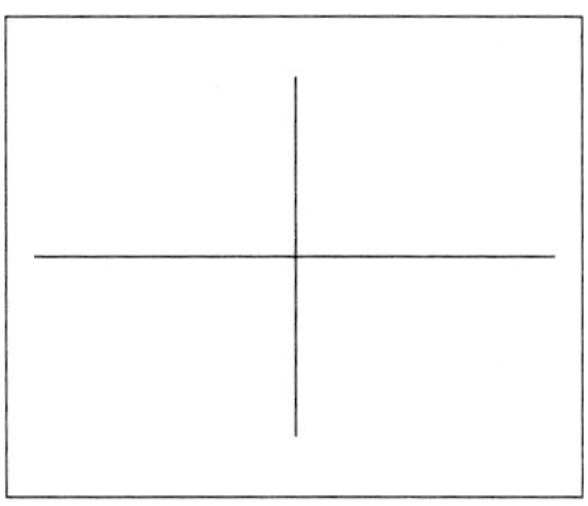

③ $y=-x^3+9x^2-23x+15$

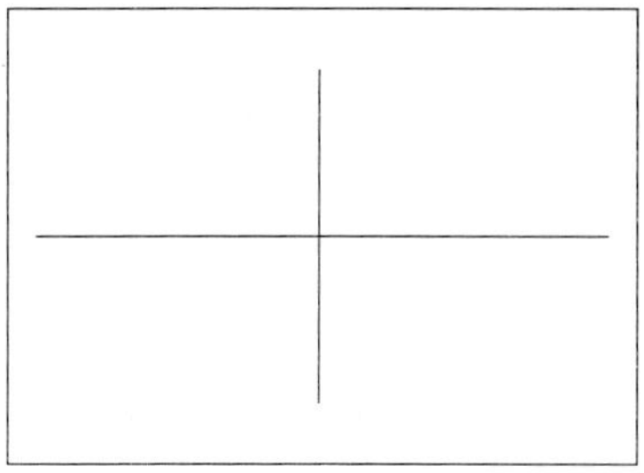

④ $y=x^3-x^2-2x$

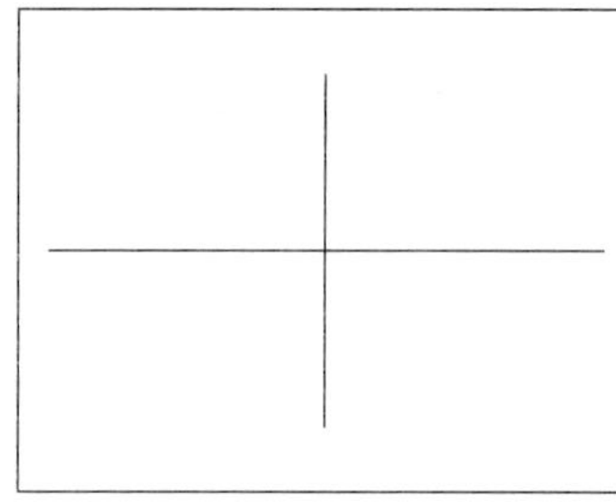

⑤ $y=x^3-3x^2+4$

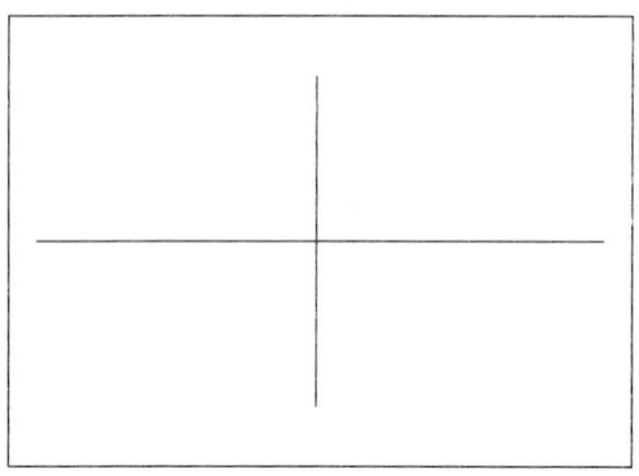

**(2)** 그래프 모양에 대하여 발견한 것이 있습니까?

**(3)** 위의 그래프가 $x$축과 만나는 점의 개수는 각각 몇 개입니까? $x$축과 만나는 점의 개수에 대하여 발견한 것이 있습니까?

**(4)** 3차함수의 그래프는 $x$축과 만나는 점의 개수가 항상 세 개라고 할 수 있습니까?

**(5)** 그래프 (2)와 그래프 (3)을 비교하여 특징을 설명해 봅시다.

# 제2장

# 분수함수(유리함수)

# 15 분수함수의 그래프 (1)

**활 동**

대응표를 이용하여 분수함수 $y=\dfrac{K}{x}(K\neq 0)$의 그래프를 그리고, 그 그래프의 특징을 찾아본다.

> $y$가 $x$에 관한 유리식(분수식)일 때, 그러한 함수를 **유리함수**라고 한다. 다항식은 유리식의 특수한 경우이므로 다항함수도 유리함수이다. 여기서는 $y$가 다항식이 아닌 유리식을 **분수함수**라고 한다.

**[활동전개]**

(1) $x$가 정수인 경우에 $y=\dfrac{1}{x}$의 대응표를 만들고, 그 그래프를 그린다.

(2) $x$의 값을 조밀하게 설정하여 $y=\dfrac{1}{x}$의 그래프를 그리고, 특징을 관찰한다.

(3) 연속적인 $x$값에 대하여 $y=\dfrac{1}{x}$의 그래프를 그리고, 특징을 관찰한다.

**[단계 1] $x$를 $-5\leq x\leq 5$ 범위의 정수로 설정하고 $y=\dfrac{1}{x}$의 대응표를 만든다.**

① 메뉴선택

MENU 7(TABLE)

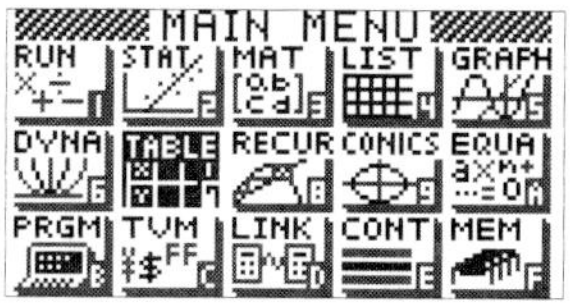


② 그래프 화면 설정

[Shift] V-Window

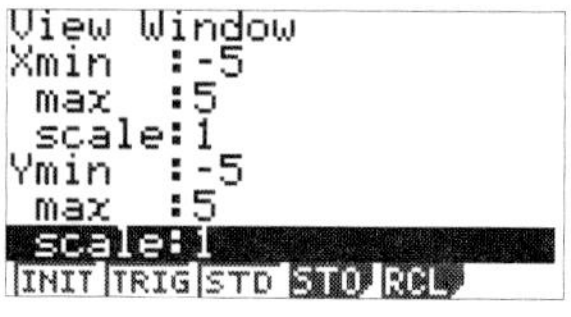


각각의 값을 입력한 후, [EXE]를 누른다.

[Shift] SETUP

Dual Screen 지정

[F1] (T+G) [EXE]

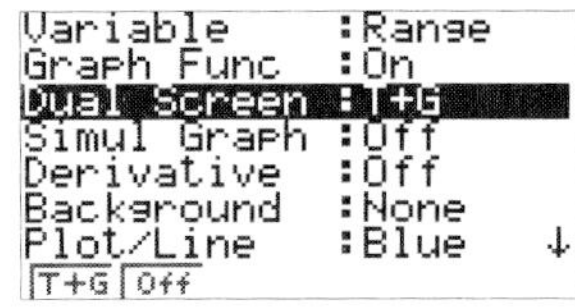


화면 이등분
▲/▼을 사용하여 커서를 이동한다.

③ 함수식 입력

Y1으로 커서를 이동하고,

[F3] (TYPE) [F1] (Y=)

Y1= 1 $a^{b/c}$ [X,θ,T]

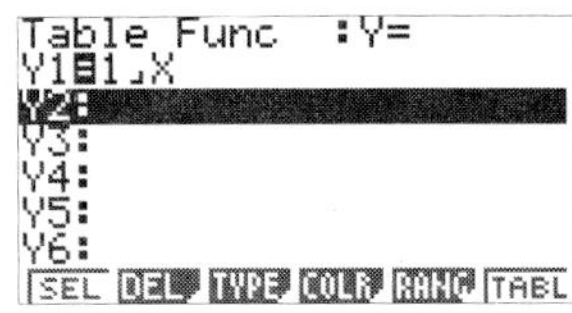


함수식 종류 지정
함수식 입력
☆ 1÷$x$로 입력해도 된다.

④ 범위설정

[F5] (RANG)

[EXE]

☆ $x$의 범위:
{−5, −4, −3, −2, −1, 0, 1, 2, 3, 4, 5}

⑤ 대응표 작성

[F6] (TABL)

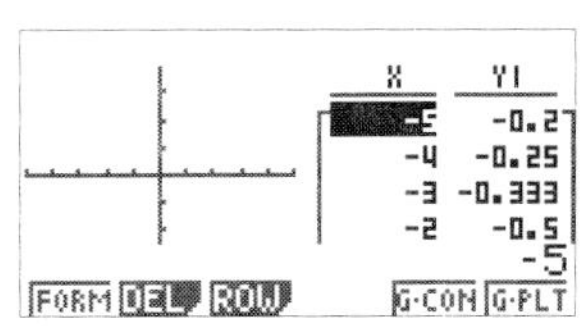


커서를 이동하여 각 $x$에 대한 $y$ 값을 확인할 수 있다.

**[질문] (1)** 그래픽계산기의 대응표에서 다음 $x$ 에 대응하는 $y$ 값은 각각 얼마입니까?

| $x=$ | $-5$ | 1 | 2 | 4 |
|---|---|---|---|---|
| $y=$ | | | | |

대응표에서 $x=0$ 일 때 $y$값은 (          )로 나와 있습니다.

이것은 $x=0$ 일 때, $y=\dfrac{1}{x}$의 값이 정해지지 않기 때문입니다.

그러므로 $x \neq 0$ 인 경우에 한하여 함수 $y=\dfrac{1}{x}$를 생각할 수 있습니다.

**[단계 2] 대응표에 제시된 값을 그래프로 그리고, 그래프의 좌표를 확인한다.**

F6 (G-PLT)
Shift F1 (Trace) ◀/▶ 키를 사용
하여 좌표값을 확인한다.

**[질문] (2)** 그래프의 모양이 어떻게 나타났습니까? 각자 관찰한 그래프의 모양을 써 봅시다.

______________________________________________

______________________________________________

**[단계 3] $x$ 값의 간격을 0.5 또는 0.1로 재설정하고, 단계 1~2의 활동을 반복한다.**

① 그래프 창에서 나오기
EXIT

② 범위 재설정
F5(RANG)
Start: −5 End: 5 pitch: 0.5
(또는 0.1) EXE

$x$ 의 범위:
{−5, −4.5, … , −0.5, 0, 0.5, … , 4.5, 5} 또는{−5, −4.9, −0.1, 0, 0.1, … , 4.9, 5}

③ 대응표 작성/ 그래프 그리기
F6(TABL) F6(G-PLT)

**[질문] (2)** 그래프의 모양이 어떻게 나타났습니까? 각자 관찰한 그래프의 모양을 써 봅시다.

______________________________________________

______________________________________________

(3) 그래프의 모양이 어떻게 나타났습니까? $x$ 값의 간격을 1로 설정한 경우의 그래프와 어떤 차이가 있습니까? 각자 관찰한 사실들을 써 봅시다.

(4) $x$ 의 간격을 작게 하는 것과 그래프의 점의 개수 사이에 어떤 관련이 있습니까?

(5) $x$ 의 범위를 $-5$ 이상 5 이하인 모든 수라고 할 때, 그래프의 모양은 어떻게 되겠는 지 자신의 생각을 써 봅시다.

다음 활동으로 자신의 생각이 옳은지 확인해 봅시다.

① 그래프 창에서 나오기
EXIT

② 연속그래프 그리기
[F5](G-CON)

**[단계 4] $y = \dfrac{1}{x}$ 의 그래프를 연속적으로 그린다.**

① 메뉴선택

MENU 5(GRAPH) EXE

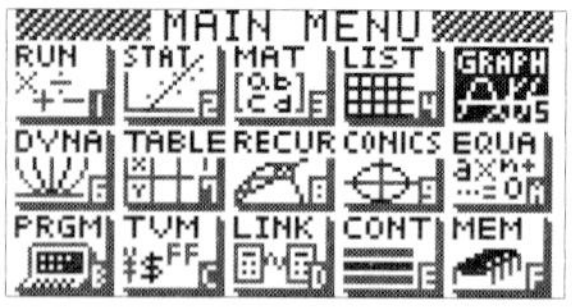


② 그래프 화면 설정

Shift V-Window

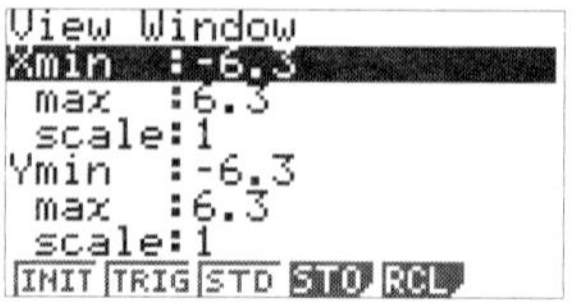


③ 함수식 / 범위 입력

Y1= 1 $a^{b/c}$ X,θ,T

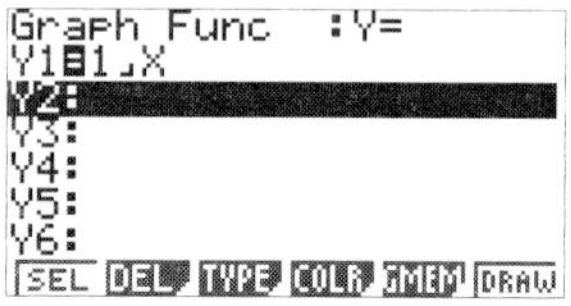


④ 그래프 그리기

F6(Draw)

**[질문]** (6) 그래픽계산기에 나타난 그래프의 개략적인 모양(개형)을 다음에 스케치하여 봅시다.

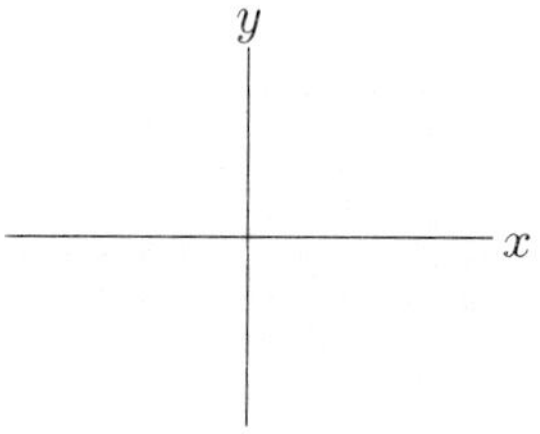


(7) [Trace] 기능(Shift F1)을 이용하여 다음 표를 채우고, $x$가 증가함에 따라 $y$ 값이 어떻게 변하는지 조사해 봅시다. (표를 모두 완성시키지 않아도 됨)

$x > 0$ 일 때

| $x$ | | | | | | | | | |
|---|---|---|---|---|---|---|---|---|---|
| $y$ | | | | | | | | | |

그러므로 $x$가 증가함에 따라

______________________________.

(8) $y = \dfrac{1}{x}$의 그래프에 관한 다음 물음에 답해 봅시다.

(i) $x > 0$ 일 때, 함숫값 $\dfrac{1}{x}$의 부호는 (   )입니다.

- $x$가 커질수록 함숫값 $\dfrac{1}{x}$은 어떤 값에 가까워집니까?

______________________________

- $x$가 작을수록(0에 가까울수록) 함숫값 $\dfrac{1}{x}$의 크기는 어떻게 됩니까?

______________________________

(ii) $x < 0$ 일 때, 함숫값 $\dfrac{1}{x}$의 부호는 (   )입니다.

- $x$가 작아질수록 함숫값 $\dfrac{1}{x}$은 어떤 값에 가까워집니까?
- $x$가 클수록(0에 가까울수록) 함숫값 $\dfrac{1}{x}$의 크기는 어떻게 됩니까?

______________________________

참고

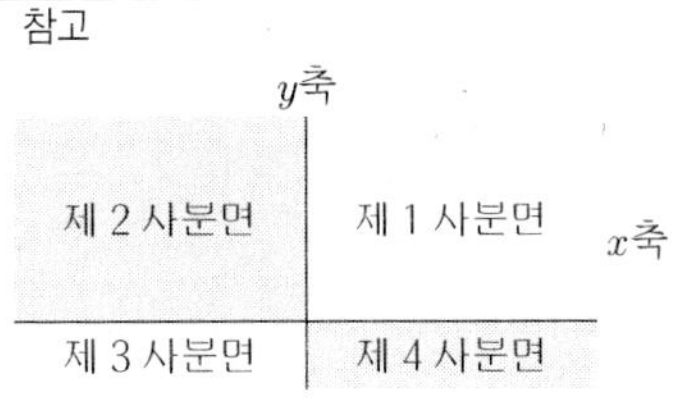


직교좌표계는 $x$축, $y$축에 의하여 네 부분으로 나뉘어집니다.이 때 좌표축을 제외한 부분을 각각 **사분면**이라고 하며, 왼편의 그림과 같이 각각 제1, 2, 3, 4 사분면이라 부릅니다.

(9) $y = \dfrac{1}{x}$의 그래프는 몇 사분면에 있습니까? ______________

(10) $y = \dfrac{1}{x}$의 그래프가 지나지 않는 사분면이 있습니까? ______________

(11) $x$가 양수일 때, $x$가 커질수록 $\frac{1}{x}$의 값은 점차 작아집니다.

그러면 $y=\frac{1}{x}$의 그래프가 $x$축과 만나는 점이 있습니까?

---

(12) 분수함수 $y=\frac{1}{x}$는 $x$가 0이 아닌 모든 수에 대하여 그래프를 그릴 수 있습니다. 함수 $y=\frac{1}{x}$에서 정의역과 치역을 각각 구해 봅시다.

---

## 탐구 및 발전과제

1. $x$의 범위가 $\{-8, -6, -4, -2, -1, -\frac{1}{2}, \frac{1}{2}, \frac{1}{2}, 1, 2, 4, 6, 8\}$일 때,

(1) $y=\frac{2}{x}$와 (2) $y=-\frac{1}{x}$의 그래프를 각각 그려 봅시다.

(1) $y=\frac{2}{x}$의 대응표

| $x$ | $-8$ | $-6$ | $-4$ | $-2$ | $-1$ | $-\frac{1}{2}$ | $\frac{1}{2}$ | 1 | 2 | 4 | 6 | 8 |
|---|---|---|---|---|---|---|---|---|---|---|---|---|
| $y$ | | | | | | | | | | | | |

(2) $y=-\frac{1}{x}$의 대응표

| $x$ | $-8$ | $-6$ | $-4$ | $-2$ | $-1$ | $-\frac{1}{2}$ | $\frac{1}{2}$ | 1 | 2 | 4 | 6 | 8 |
|---|---|---|---|---|---|---|---|---|---|---|---|---|
| $y$ | | | | | | | | | | | | |

$y = -\dfrac{1}{x}$의 그래프

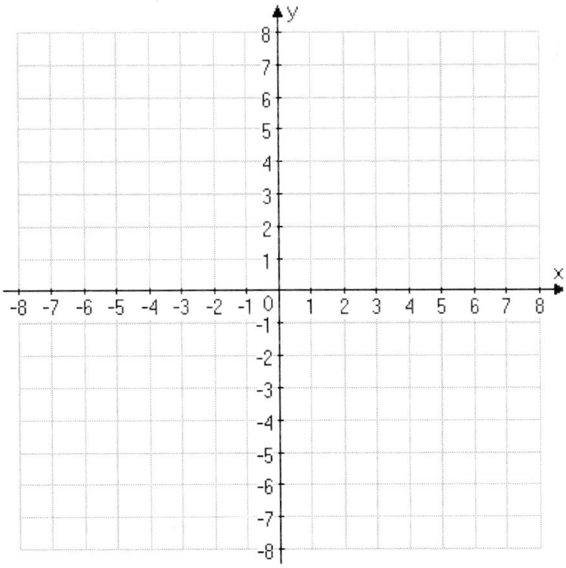

$y = \dfrac{2}{x}$의 그래프

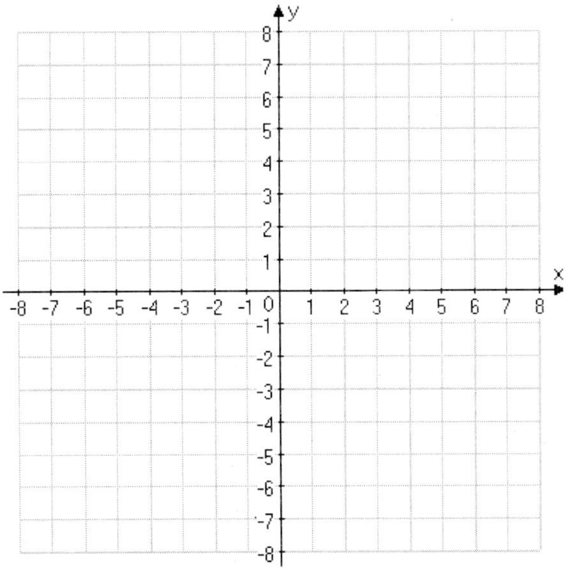

# 16 분수함수의 그래프 (2)

**활 동**

분수함수 $y=\dfrac{A}{x}\,(A\neq 0)$ 의 그래프를 그리고, 그 그래프의 특징을 조사한다.

**[활동전개]**

(1) $y=\dfrac{A}{x}\,(A\neq 0)$ 의 그래프를 그리고, 그 그래프의 특징을 탐색한다.

**[단계 1] 분수함수 $y=\dfrac{A}{x}(A=1,\ 2,\ 3)$의 그래프를 그린다.**

① 메뉴선택

MENU 5(GRAPH)

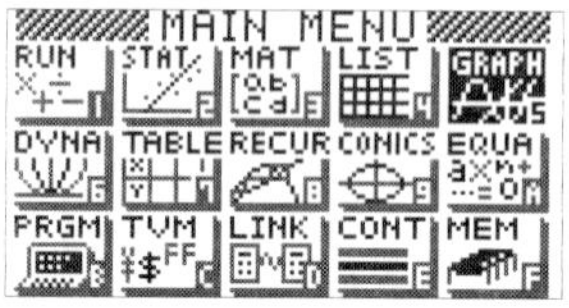


② 그래프 화면 설정

Shift V-Window

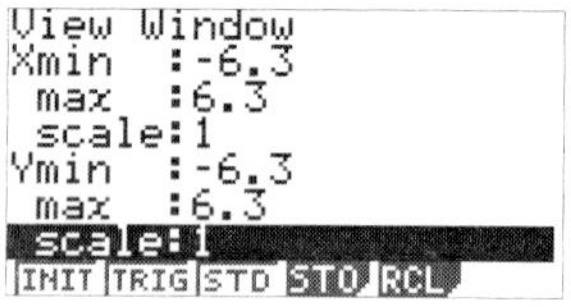


Shift SETUP

③ 함수식 / 범위 입력

Y1= 1 $a^{b/c}$ (X,θ,T)

Y2= 2 $a^{b/c}$ (X,θ,T)

Y3= 3 $a^{b/c}$ (X,θ,T)

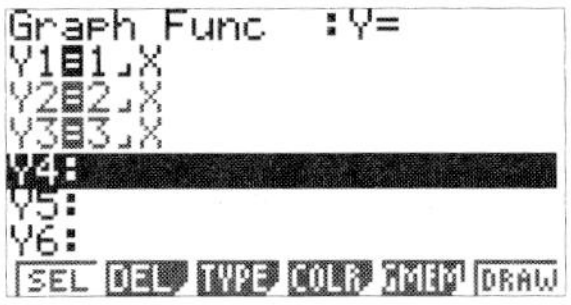


Y1, Y2, Y3에 각각 $1\div x$, $2\div x$, $3\div x$로 입력해도 된다.

④ 그래프 그리기

F6(Draw)

※ 함수식 입력시 $a^{b/c}$ 대신에 ÷를 사용할 수 있습니다(즉, Y1=1 ÷ (X,θ,T)로 입력해도 됨).

**[질문]** (1) 다음은 Y1$\left(y=\dfrac{1}{x}\right)$, Y2$\left(y=\dfrac{2}{x}\right)$, Y3$\left(y=\dfrac{3}{x}\right)$의 그래프를 한꺼번에 그린 화면입니다. 어느 그래프가 어느 함수의 것인지 말할 수 있습니까? 각 함수식의 그래프를 ①~⑥에서 찾으세요.

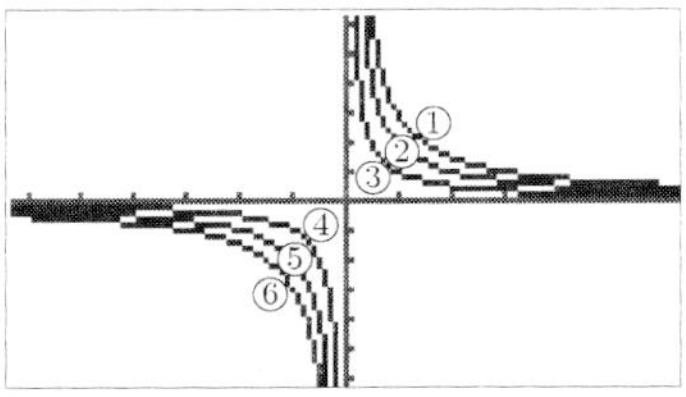


Y1 ____________

Y2 ____________

Y3 ____________

(2) 그래픽계산기 화면에서 Y1, Y2, Y3 세 그래프를 관찰하여 공통점과 차이점을 기술해 봅시다.

공통점:

차이점:

(3) $y=-\dfrac{1}{x}$의 그래프는 어떻게 그려지겠습니까? 그래프의 개략적인 모양(개형)을 다음에 스케치하여 보고, 그래픽계산기로 자신의 답을 확인해 봅시다.

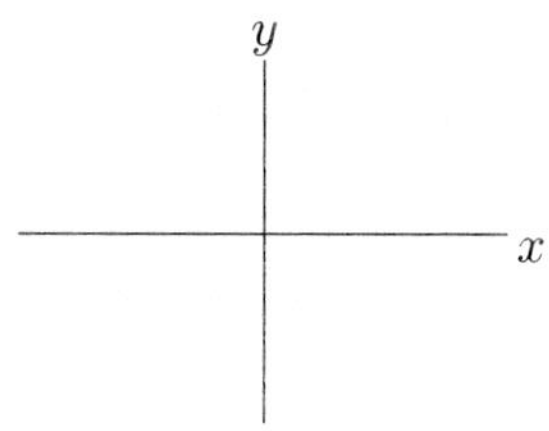


______________________________________________

______________________________________________

______________________________________________

______________________________________________

**[단계 2] [Dyna] 기능을 이용하여 분수함수 $y=\dfrac{A}{x}$의 그래프를 그린다.**

① 메뉴선택

MENU 6(DYNA)

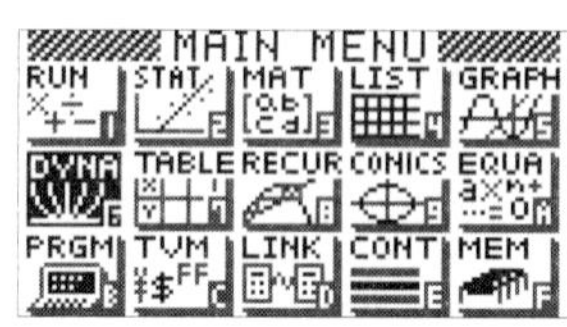


② 그래프 화면 설정

Shift SETUP

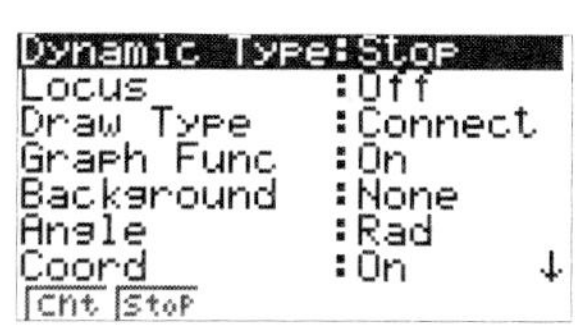


그래프의 자취를 보이게 하려면 Locus: F1(On)

③ 함수식 입력

Y1= ALPHA A $a^{b/c}$ X,θ,T

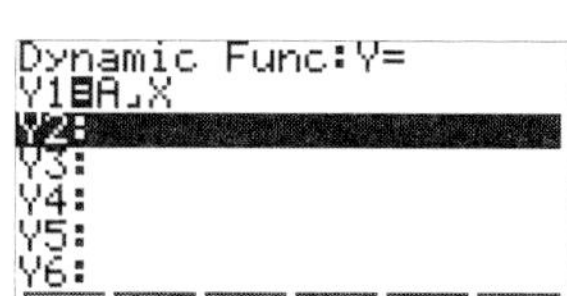

EXE EXE

☆ EXE를 2회 연속하여 누른다.

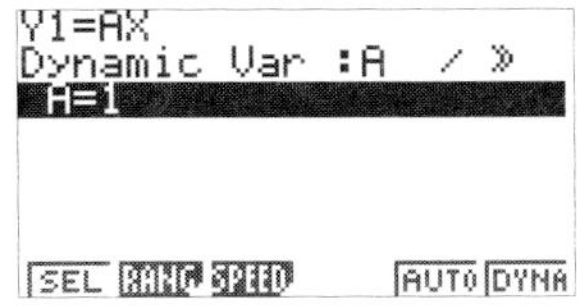


A의 초기값은 임의로 설정해도 된다.

④ 속도조절/ 범위 설정 F3(SPEED) SLOW로 커서이동 F1(SEL) F2(RANG)

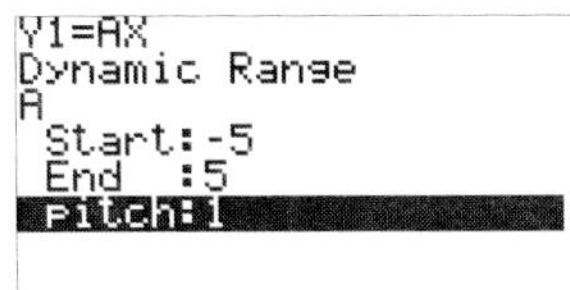


☆ Dyna 속도: 느리게

☆ A= −5, −4, ⋯, 3, 4, 5

⑤ 동영상 그래프 그리기 F6(DYNA)

☆ AC 키를 누르면, DYNA 속도 조절 화면이 나타남.

☆ AC EXIT을 누르면, 변수범위를 재설정 가능.

**[질문]** (4) $y=\dfrac{A}{x}$의 그래프에서 $A$의 부호가 어떤 역할을 합니까?

______________________________

______________________________

$A>0$일 때, 그래프는 ______________________________

$A<0$일 때, 그래프는 ______________________________

$A=0$일 때, 그래프는 ______________________________

(5) $y=\dfrac{A}{x}(A\neq 0)$의 그래프에 대하여 다음 빈 칸을 채워봅시다.

(i) $|x|$가 클수록, 함숫값 $\dfrac{A}{x}$은 __________ 에 가까워집니다.

그러므로 $|x|$가 클수록, 분수함수 $y=\dfrac{A}{x}$의 그래프는 ________ 에 가까워집니다.

(ii) $|x|$가 작을수록 (즉, $x$값이 0에 가까울수록) 함숫값 $\frac{A}{x}$는

__________ 그러므로 $|x|$가 작을수록 $y=\frac{A}{x}$의 그래프는

__________에 점점 가까워집니다.

> 어떤 곡선이 한 직선에 한없이 접근해갈 때, 그 직선을 그 곡선의 점근선이라고 합니다.

**(6)** $y=\frac{A}{x}$ $(A \neq 0)$의 점근선은 몇 개 있습니까? __________

$y=\frac{A}{x}$ $(A \neq 0)$의 점근선은 무엇입니까? __________

**(7)** $y=\frac{A}{x}$ $(A \neq 0)$의 그래프가 점대칭 또는 선대칭이라고 말할 수 있습니까?

__________

__________

만일 그렇다면, 대칭의 종류와 대칭의 중심(혹은 대칭축)은 무엇입니까?

__________

__________

__________

## 탐구 및 발전과제

**1.** $x$가 $-6 \leq x \leq 6$이고 0이 아닌 수일 때 (1) $y=\dfrac{2}{x}$와 (2) $y=\dfrac{4}{x}$의 그래프를 각각 그려 봅시다.

(1) $y=\dfrac{2}{x}$의 대응표

| $x$ | | | | | | | | | | | | |
|---|---|---|---|---|---|---|---|---|---|---|---|---|
| $y$ | | | | | | | | | | | | |

$y=\dfrac{2}{x}$의 그래프

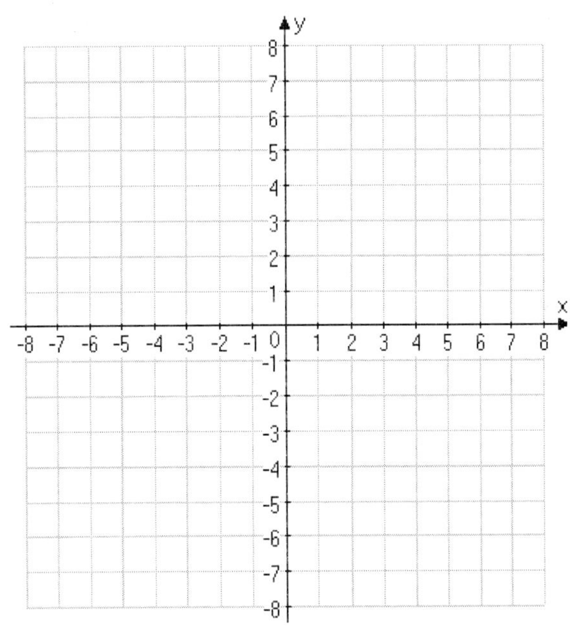


(2) $y=\dfrac{4}{x}$의 대응표

| $x$ | | | | | | | | | | | | |
|---|---|---|---|---|---|---|---|---|---|---|---|---|
| $y$ | | | | | | | | | | | | |

$y = \dfrac{4}{x}$의 그래프

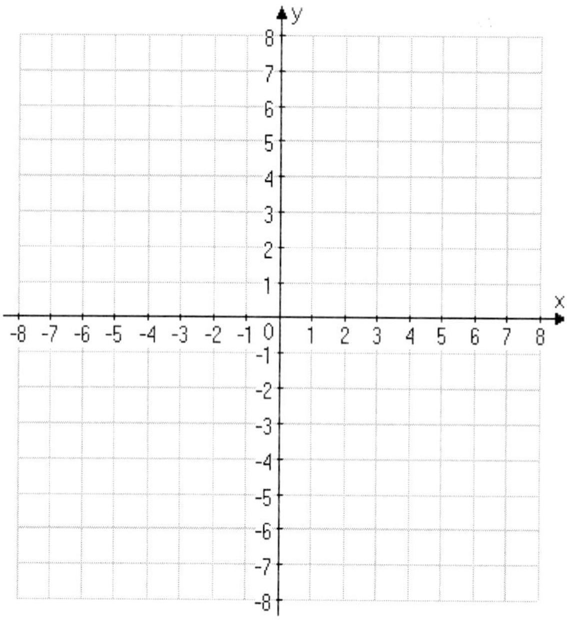

# 17 분수함수 그래프 (3)

**활동**

[DYNA] 기능을 이용하여 분수함수 $y=\dfrac{1}{x-P}+Q$의 그래프를 그리고, 그 그래프의 특징을 찾아본다.

**[활동전개]**

(1) $y=\dfrac{1}{x-P}$ 의 그래프를 그린다.

(2) $y=\dfrac{1}{x}+Q$의 그래프를 그린다.

(3) $y=\dfrac{1}{x-P}+Q$의 그래프를 그린다.

## [단계 1] 환경을 다음과 같이 설정하고 $y=\dfrac{1}{x-P}$의 그래프를 그린다.

① 메뉴선택

MENU 6(DYNA)

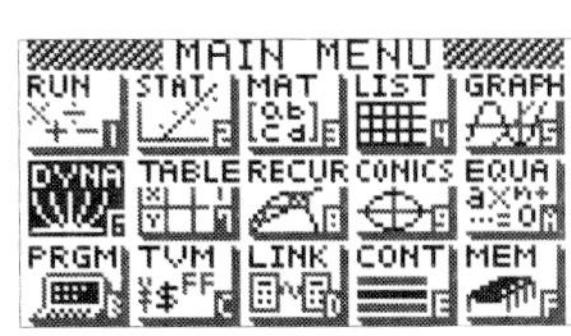


② 그래프 화면 설정

Shift SETUP

Locus F1(On)

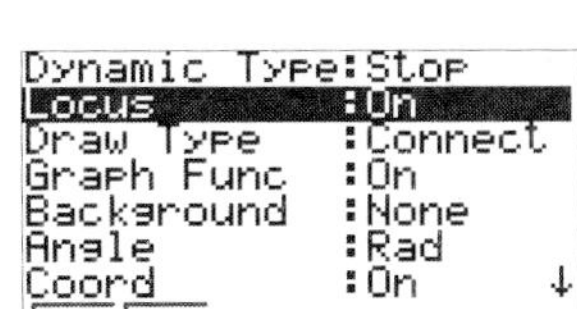


동영상그래프의 자취가나타나지 않게 하려면 Locus F2(Off)

③ 함수식 입력

Y1= 1 ÷ (X,θ,T - ALPHA P)

EXE

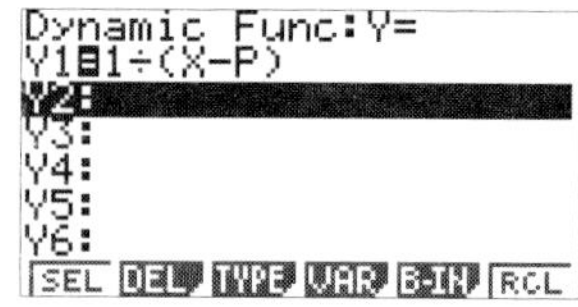


④ P의 범위설정

F2(RANG)

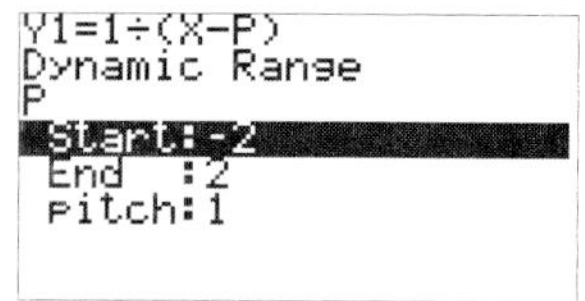


P= −2, −1, 0, 1, 2

⑤ 동영상 그래프 그리기

F6(DYNA)

**[질문]** (1) 분수함수 $y=\dfrac{1}{x-2}$ 와 $y=\dfrac{1}{x}$ 의 그래프를 비교하여 두 그래프 사이의 관계를 서술해 봅시다.

---

---

---

(2) 분수함수 $y=\dfrac{1}{x-1}$ 와 $y=\dfrac{1}{x}$ 의 그래프를 비교하여 두 그래프 사이의 관계를 서술해 봅시다.

---

---

---

(3) 분수함수 $y=\dfrac{1}{x+1}$ 과 $y=\dfrac{1}{x}$ 의 그래프를 비교하여 두 그래프 사이의 관계를 서술해 봅시다.

---

---

---

(4) $P$ 값이 변할 때, 분수함수 $y=\dfrac{1}{x-P}$ 의 그래프 모양은 어떻게 변합니까?

$y=\dfrac{1}{x}$ 의 그래프와 비교해 봅시다.

___

___

(5) 분수함수 $y=\dfrac{1}{x-P}$ 의 그래프에서 점근선을 찾아 봅시다.

___

___

(6) 분수함수 $y=\dfrac{1}{x-P}$ 에서 함숫값이 정해지지 않는 경우는 언제입니까?

___

___

**[단계 2] 분수함수 $y=\dfrac{1}{x}+Q$의 그래프를 그려 본다.**

① 함수식 입력

Y1으로 커서 이동 F1(SEL)

☆ Y1($y=\dfrac{1}{x-P}$)의 그래프가 그려지지 않도록 설정

② 함수식 입력

Y2로 커서 이동 F3(TYPE) F1(Y=)

Y2 = 1 ÷ X,θ,T +ALPHA Q EXE EXE

⑦ Q의 범위 설정

F2(RANG) Start: −3 End: 3 pitch: 1 EXE

⑧ 그래프그리기

F6(DYNA)

**[질문]** (7) 다음은 $y=\frac{1}{x}+Q$ (Q= −2, −2, 0, 1, 2)의 그래프를 한 화면에 그린 것입니다. $Q$가 각각 0, 1, 2, −2인 경우에 $y=\frac{1}{x}+Q$ 의 그래프를 찾아 그 그래프에 색칠로 (또는 진하게) 표시해 봅시다.

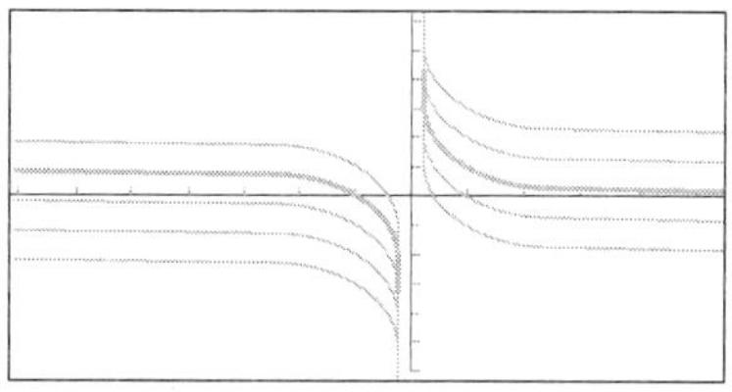

$Q=0$

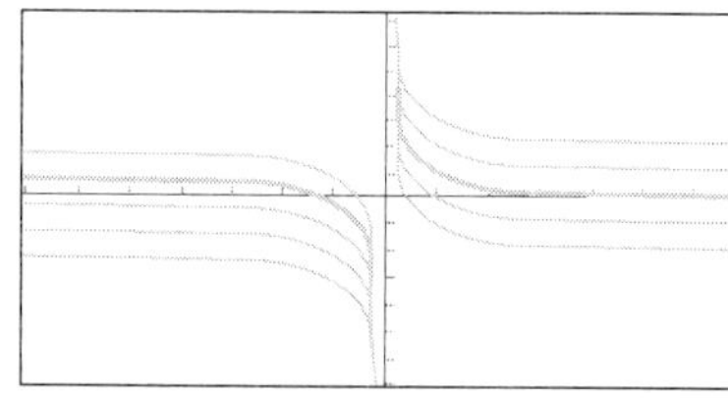

$Q=1$

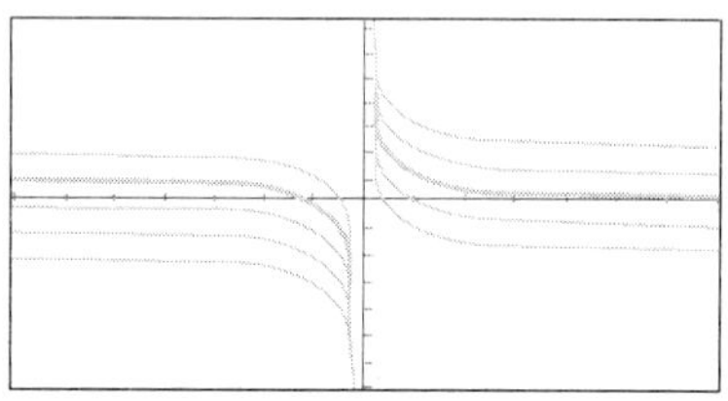

$Q=2$

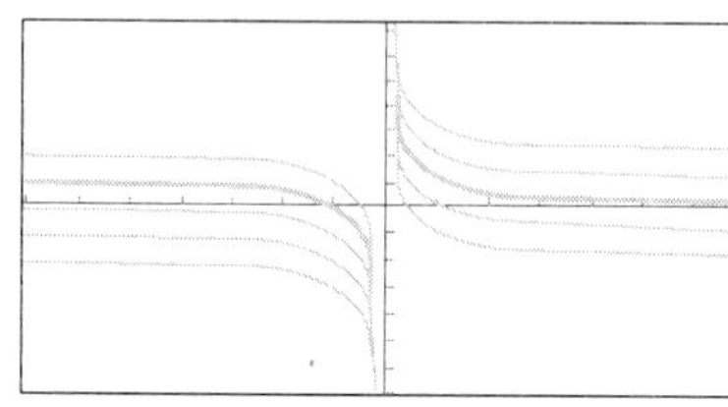

$Q=-2$

(8) $Q$ 값이 분수함수 $y=\frac{1}{x}+Q$ 의 그래프 모양에 어떻게 영향을 주는지 $y=\frac{1}{x}$ 의 그래프와 비교하여 서술해 봅시다.

(9) $x$가 0에 가까워지면 $Q$의 값에 관계 없이 $y=\frac{1}{x}+Q$ 의 그래프가 모두 한 점에서 만나는 것처럼 보이지만 실제는 그렇지 않습니다. 이것을 계산기에서 [trace] 기능을 사용하여 확인해 봅시다.

(10) 분수함수 $y=\frac{1}{x}+Q$ 의 점근선을 모두 찾아 봅시다.

## [단계 3] [Dyna] 모드로 분수함수 $y=\dfrac{1}{x-P}+Q$의 그래프를 그린다.

① 메뉴선택

MENU 6(DYNA)

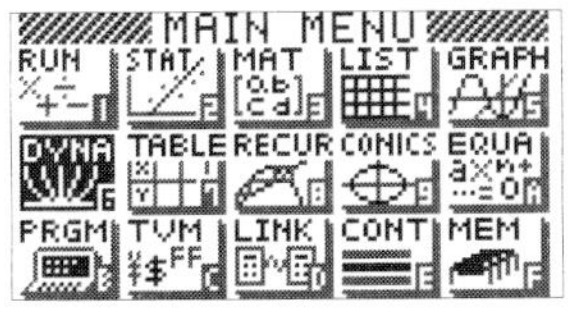


② 그래프 화면 설정

Shift SETUP

Locus F2(Off)

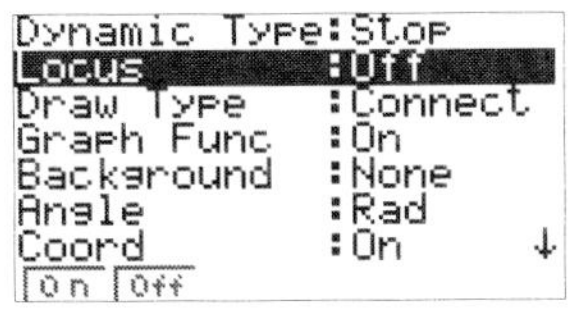


Shift V-Window

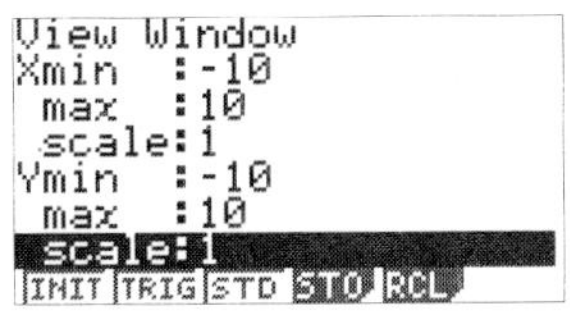


③ 함수식 입력

Y1 = 1 ÷ ( X,θ,T − ALPHA P)

\+ ALPHA Q EXE

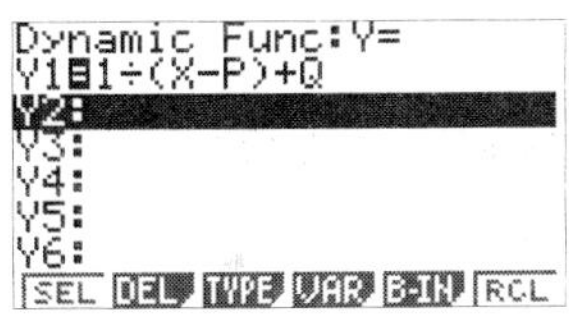


④ 변수지정/ 범위설정 커서를 P(또는 Q) 위에 놓고

F1(SEL)

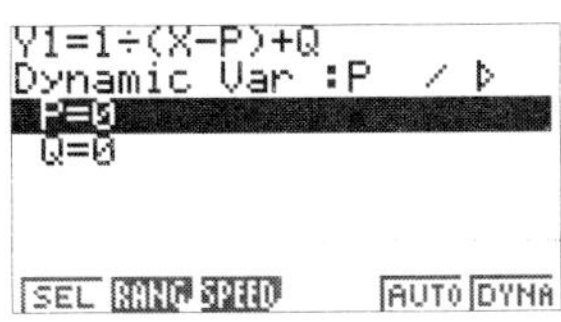


변수가 P로 지정됨

변수를 달리 지정하여 활동을 반복한다.

F2(RANG)

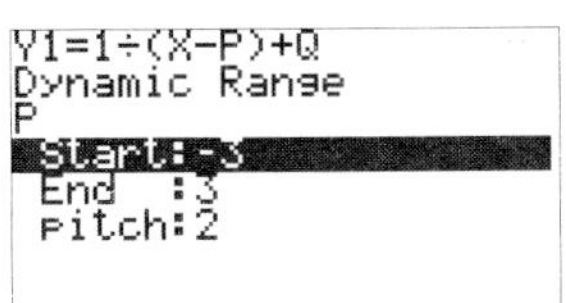


속도: SLOW로 지정, P= −3, −1, 1, 3

⑤ 동영상 그래프 그리기

F6(DYNA)

〈주의〉
함께 움직이는 세로축은 그래프가 아님.

**[질문]** (11) $y=\dfrac{1}{x-P}+Q$ 의 그래프의 모양에 $P$와 $Q$의 값이 각각 어떻게 영향을 줍니까?

(12) 분수함수 $y=\dfrac{1}{x-P}+Q$ 의 그래프에서 점근선의 방정식을 모두 구해 봅시다.

함숫값이 정해지는 $x$의 범위를 **정의역**, 함숫값의 범위를 **치역**이라고 합니다.

(13) 분수함수 $y=\dfrac{1}{x-P}+Q$ 에서 정의역과 치역을 구해 봅시다.

정의역 :

치역 :

## 탐구 및 발전과제

**1.** 분수함수 $y=\dfrac{1}{x-P}+Q$ 의 그래프를 그리는 방법에 대해 논의해 봅시다.

**2.** 1에서 논의한 방법에 따라 다음 그래프를 각각 그려 봅시다.

① $y=\dfrac{2}{x-1}$

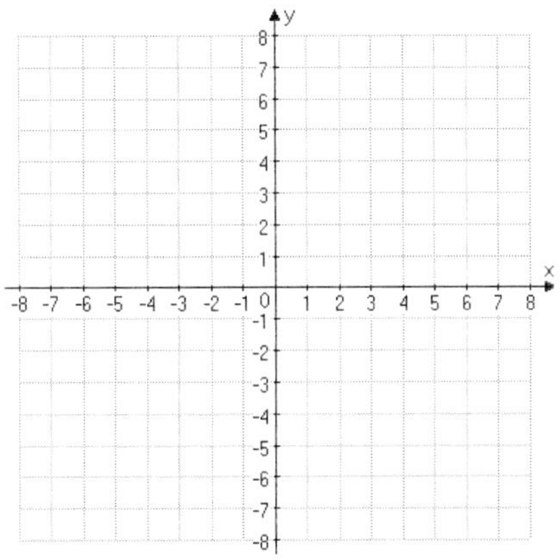


② $y=-\dfrac{1}{x+3}$

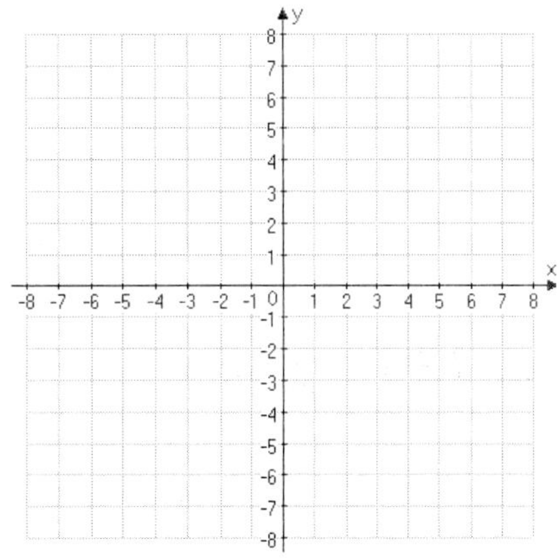


③ $y=\dfrac{1}{x-4}+2$

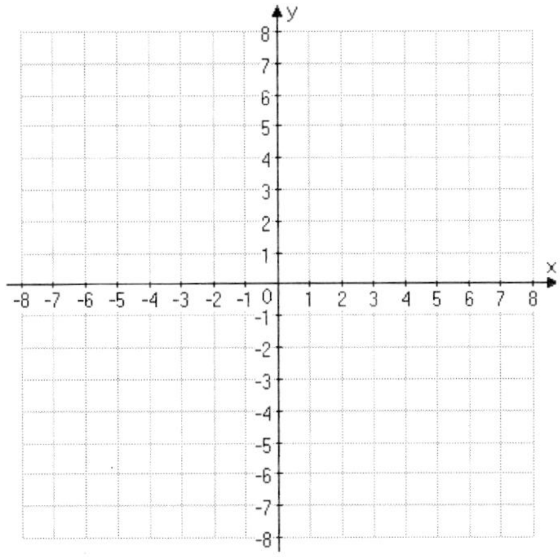


④ $y=-\dfrac{1}{x+1}-3$

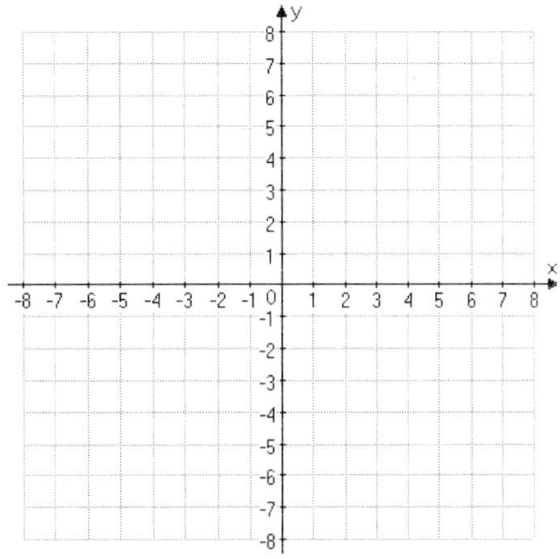

3. 2의 각 그래프에서 점근선의 식을 모두 구해 봅시다.

| | ① | ② | ③ | ④ |
|---|---|---|---|---|
| 점근선 | | | | |

4. 2의 각 함수에서 정의역과 치역을 구해 봅시다.

| | ① | ② | ③ | ④ |
|---|---|---|---|---|
| 정의역 | | | | |
| 치역 | | | | |

5. 분수함수 $y=\dfrac{1}{x-P}+Q$ 의 그래프는 어떤 점에 대해서 대칭입니까?

6. $y=\dfrac{A}{x-P}+Q$ 의 그래프의 모양에 $A, P, Q$ 의 값이 각각 어떻게 영향을 줍니까?

| | |
|---|---|
| $A$ | |
| $P$ | |
| $Q$ | |

# 제3장

# 방정식

# 18 방정식 (이차식)$=0$의 해

**활동**

그래프를 활용하여 (이차식)=0 형태의 방정식의 해를 구한다.

**[활동전개]**

(1) 이차함수 $y=x^2-x-6$ 의 그래프와 방정식 $x^2-x+6=0$ 의 관계를 탐색한다.

(2) 그래프의 교점을 이용하여 $x^2-x+6=0$ 의 근을 구한다.

(3) 그래프의 교점을 이용하여 (이차식)=(상수)형태의 이차방정식의 근을 구한다.

**[단계 1] 다음과 같이 환경을 설정한다.**

① 메뉴선택

MENU 5(GRAPH) [EXE]

② 그래프 화면 설정

[Shift] [F3](V-Window)

| Xmin=-6.3 | Xmax=6.3 | Scale=1, |
|---|---|---|
| Ymin=-7 | Ymax=7 | Scale=1 |

**[단계 2] $y=x^2-x-6$ 의 그래프를 그린다.**

③ 함수식 입력

Y1으로 커서를 이동하고

F3(TYPE) F1(Y=)

Y1= X,θ,T $x^2$ - X,θ,T - 6 EXE

☆$x$^2−$x$−6으로 입력해도 된다.

④ 그래프 그리기

F6(DRAW)

**[질문]** 계산기 화면에 나타난 그래프를 관찰하여 다음 물음에 답하시오.

(1) $y = x^2 - x - 6$ 의 그래프에서 $y$ 값이 0이 되는 점은 몇 개 있습니까?

________________________________________

________________________________________

(2) $y = x^2 - x - 6$ 의 그래프가 $x$ 축과 만나는 점의 $x$ 값은 (대략) 얼마입니까?

________________________________________

________________________________________

※ 그래프에서 $y$ 값이 0인 점은 $x$ 축과 만나는 점입니다.

※ 그래픽계산기의 [TRACE] 기능을 활용하면 그래프의 교점의 좌표를 정확하게 구할 수 있습니다. 이제 [TRACE] 기능을 활용하여 교점의 좌표를 구해 봅시다.

**[단계 3] TRACE 기능을 이용하여 $y$ 값이 0이 되는 점의 $x$ 좌표를 구한다.**

① 그래프의 좌표 확인하기

Shift F1(Trace)

◀/▶를 이용해서 커서를 그래프가 $x$ 축과 만나는

점($y = 0$)까지 이동

☆ 화면 아래 나타나는 $x$ 값을 관찰한다.

**[질문]** (3) 방정식 $x^2-x-6=0$ 의 근은 정확하게 얼마입니까?

(4) $y=x^2-x-6$ 의 그래프와 $x^2-x-6=0$ 의 근 사이에는 어떤 관계가 있습니까?

| 방정식을 참이 되게 하는 $x$값을 그 방정식의 **근**(또는 **해**)이라고 부릅니다.<br>$x^2-x-6=0$을 참이 되게 하는 $x$값은 (좌변)$x^2-x-6$의 값이 (우변) 0과 같게 될 때의 $x$값을 말합니다.<br>그러므로 $y=x^2-x-6$의 그래프에서 $y$값이 0이 될 때의 $x$값이 $x^2-x-6=0$의 근이 됩니다. |
|---|

(5) TRACE 기능을 이용하여 다음 이차방정식의 해를 구해 봅시다.
(그래픽계산기의 환경 설정은 단계 1의 것을 그대로 사용하면 됩니다.)

① $x^2-2x-3=0$ ② $4x^2+4x-3=0$

③ $-x^2-3.3x+2.8=0$ ④ $4x^2-20x+25=0$

**[단계 4]** $y=x^2-2x$ **의 그래프를 이용하여** $x^2-2x=3$ **의 근을 구한다.**

**[질문]** (6) $y=x^2-2x$ 의 그래프가 아래와 같을 때 $x^2-2x=3$ 의 근을 그래프에서 어떻게 구할 수 있습니까?

(7) 그래프에서 볼 때 $x^2-2x=3$ 의 근은 얼마입니까?

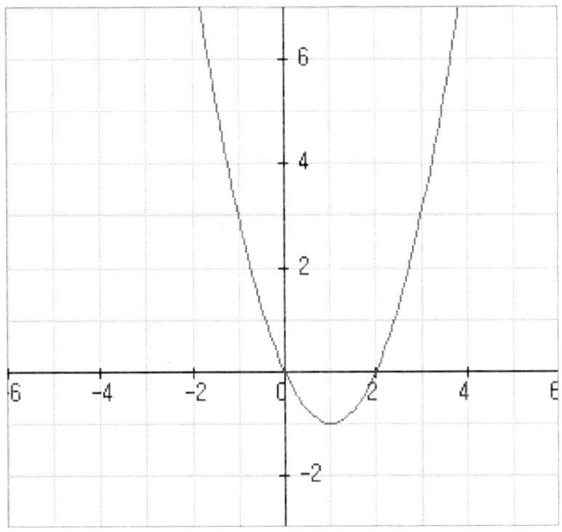


(8) $y=$(좌변)의 그래프를 그려서 다음 이차방정식의 해를 구해 봅시다.
(TRACE 기능을 이용)

① $-x^2+4x=3$　　② $2x^2-7x=-6$

③ $-x^2-3x=-4$　　④ $-2x^2+4x=2$

## 탐구 및 발전과제

1. 그래프를 이용하여 다음 이차방정식의 해의 개수를 구해 봅시다.

(1) $x^2+5x+4=0$　　(2) $x^2-4x+4=0$

(3) $-x^2+4x-5=0$

2. 이차방정식의 해의 개수에 관하여 발견한 것은 무엇입니까?

# 19 방정식(이차식)=(일차식)의 해

**활동**

그래프를 이용해서 방정식 $x^2-3=2x$ 의 근을 구한다.

**[활동전개]**

(1) 이차함수 $y=x^2-3$ 와 $y=2x$ 의 그래프와 $x^2-3=2x$ 의 근의 관계를 탐색한다.

(2) 이차함수 $y=x^2-3$ 와 $y=2x$ 의 그래프를 이용하여 $x^2-3=2x$ 의 근을 구한다.

(3) 이차함수 $y=x^2-2x-3$ 의 그래프를 이용하여 $x^2-3=2x$ 의 근을 구한다.

**[단계 1] 다음과 같이 환경을 설정한다.**

① 메뉴선택
MENU 5(GRAPH)

② 그래프 화면 설정
Shift F3(V-Window)

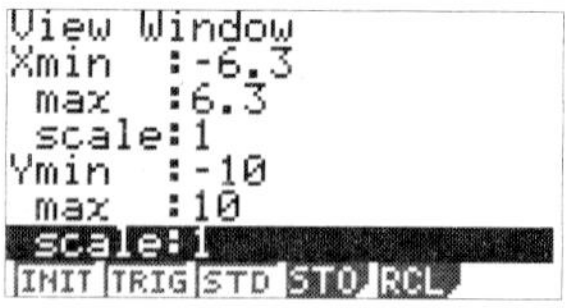


**[단계 2]** $y=x^2-3$, $y=2x$ **의 그래프를 이용하여** $x^2-3=2x$ **의 근을 구한다.**

① 함수식 입력

Y1=[X,θ,T] $x^2$ - 3 [EXE]

Y2=2 [X,θ,T] [EXE]

② 그래프 그리기

[F6](DRAW)

③ 교점 구하기

[Shift] [F5](G-Solv)*[F5](Isct)

☆ 커서가 그래프 위를 이동하며 첫 번째 교점을 찾아 화면 하단에 좌표를 나타낸다.
◀/▶를 누르면, 커서가 그래프 위를 이동하며 다음 교점을 찾아 화면 하단에 좌표를 나타낸다.

* G-Solv(Solve)를 이용하면 그래프가 $x$축과 만나는 점 또는 그래프의 **교점**을 정확하게 구할 수 있기 때문에, [Trace] 기능보다 [G-Solv]-[Isct](교점)을 사용하는 것이 편리하다.

**[질문]** 계산기 화면에 나타난 그래프를 관찰하여 다음 물음에 답하시오.

(1) 그래프 $y=x^2-3$, $y=2x$ 의 교점의 $x$ 좌표와 $y$ 좌표는 각각 얼마입니까?

$x$ 좌표____________________ $y$ 좌표____________________

(2) $x^2-3=2x$ 를 만족하는 점은 그래프에서 어떤 점입니까?

$x^2-3=2x$ 의 근은 이 식을 만족하는 $x$값입니다. $x^2-3=2x$ 의 근은 얼마입니까?

________________________________________

________________________________________

※ 이차방정식 $x^2-3=2x$ 은 등식의 성질을 이용하여 $x^2-3-2x=0$ 으로 바꿀 수 있습니다. 그러면 이 방정식의 근은 $y=x^2-3-2x$ 의 그래프를 이용하여 구할 수 있습니다.

**[단계 3] $y=x^2-3-2x$ 의 그래프가 $x$ 축과 만나는 점의 좌표를 구한다.**

① 그래프 창에서 나오기

EXIT

② 함수식 입력하고 그래프 그리기

Y1과 Y2가 그려지지 않게 한다.

[각각을 F1(SEL)하여 등호(=)를

반전(=)시킨다.]

Y3= (X,θ,T) $x^2$ - 3 - 2 (X,θ,T) (EXE)

③ $x$축과의 교점 구하기

[Shift] F5(G-Solv) F1(ROOT)

☆ 커서가 그래프 위를 이동하며 $x$축과의 첫 번째 교점을 찾아 화면 하단에 좌표를 나타낸다.
◀/▶를 누르면, 커서가 그래프 위를 이동하며 다음 교점을 찾아 화면 하단에 좌표를 나타낸다.

**[질문]** (3) 그래프 $y=x^2-3-2x$ 가 $x$ 축과 만나는 점의 $x$ 좌표는 얼마입니까?

(4) Y1($y=x^2-3$), Y2($y=2x$)의 그래프가 그려지도록 하여 Y1과 Y2의 교점과 그래프 $y=x^2-3-2x$ 가 $x$ 축과 만나는 점을 관찰하여 발견한 바를 써 봅시다.

(5) $x^2-3-2x=0$의 근은 얼마입니까? ____________________

$x^2-3=2x$의 근은 얼마입니까? ____________________

두 방정식의 근 사이에 이와 같은 관계가 나타나는 이유를 설명해 봅시다.

____________________

____________________

## 탐구 및 발전과제

**1.** 연립방정식

$$y=ax^2+bx+c \quad \cdots\cdots ①$$
$$y=a'x^2+b'x+c' \quad \cdots\cdots ②$$

을 그래프를 이용하여 해를 구하려고 합니다. ①과 ②의 그래프가 각각 다음과 같을 때, 연립방정식의 해를 각각 구하시오.

(1)

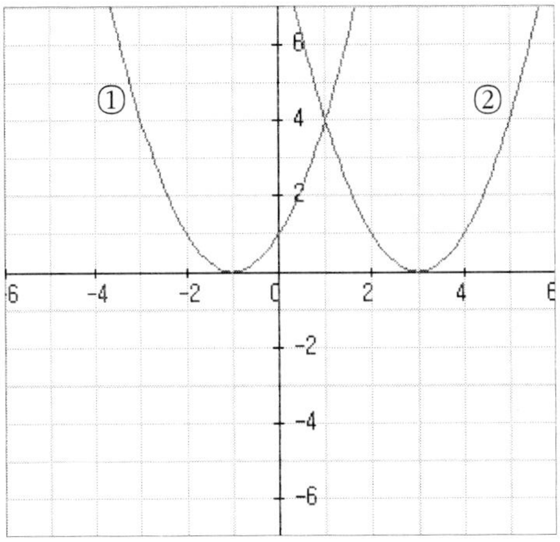


(2)

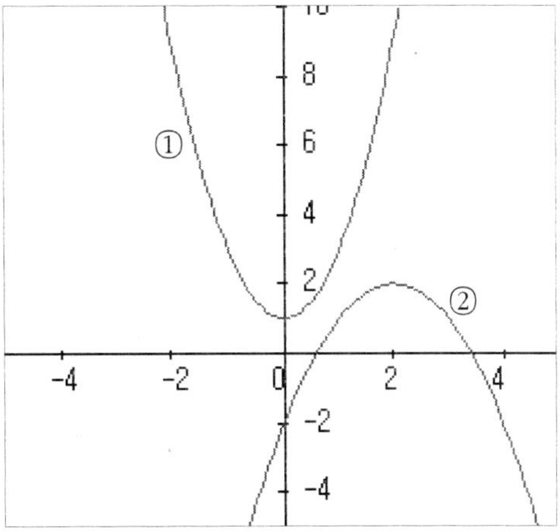

(3)

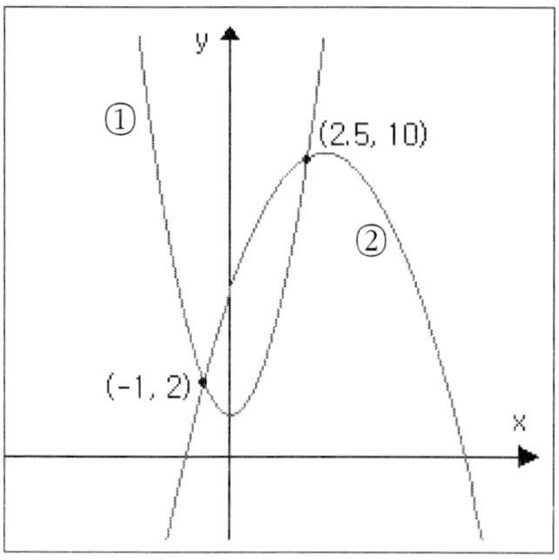


(1) 연립방정식의 해

(2) 연립방정식의 해

(3) 연립방정식의 해

2. 이차함수의 그래프를 이용하여 방정식 $ax^2+bx+c=a'x^2+b'x+c'$의 근을 구하려고 합니다. 다음은 $y=ax^2+bx+c$, $y=a'x^2+b'x+c'$의 그래프를 각각 그린 것입니다.

다음 각 그래프에서 $ax^2+bx+c=a'x^2+b'x+c'$의 해를 구해 봅시다.

(1)

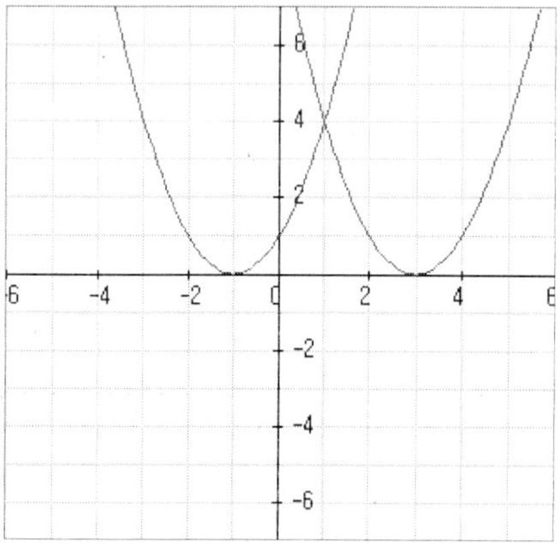


(2)

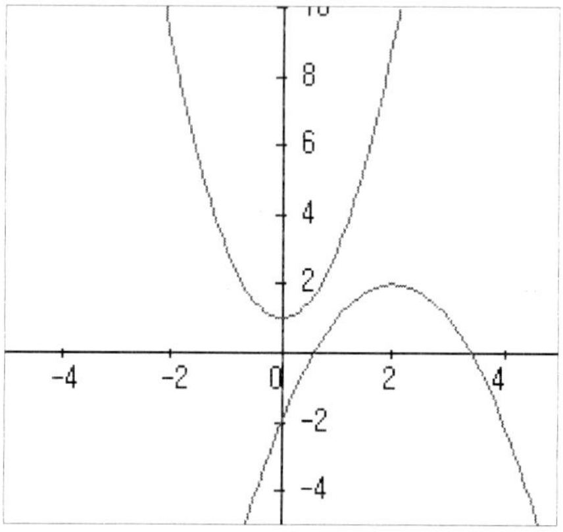

(3)

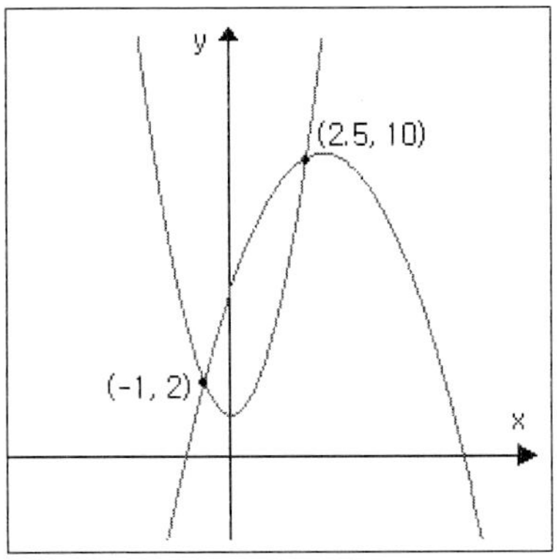


(1) 방정식의 해

(2) 방정식의 해

(3) 방정식의 해

**3.** 연립방정식

$$y = ax^2 + bx + c \quad \cdots\cdots ①$$

$$y = a'x^2 + b'x + c' \quad \cdots\cdots ②$$

의 근이 $x = 5,\ y = -1$ 일 때, 방정식 $ax^2 + bx + c = a'x^2 + b'x + c'$ 에 대하여 어떤 사실을 말할 수 있습니까?

**4.** 방정식 $x^2 + bx + c = -x^2 + 6$ 의 근을 그래프를 이용하여 구하려고 합니다. $y = x^2 + bx + c,\ y = -x^2 + 6$ 의 그래프가 다음과 같이 그려졌을 때, 방정식 $x^2 + bx + c = -x^2 + 6$ 의 근에 대하여 다음 물음에 답해 봅시다.

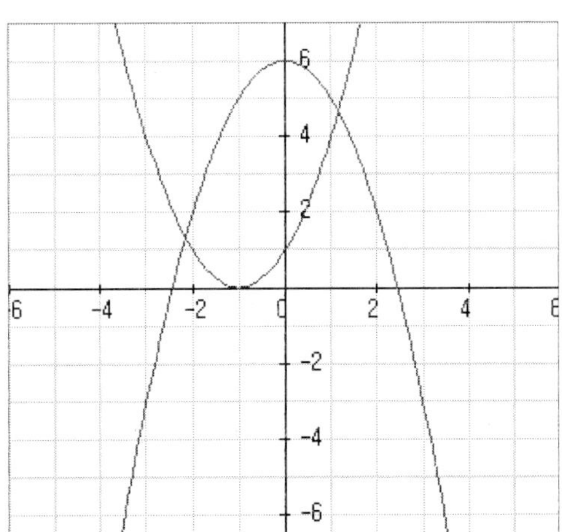

(1) 이 방정식의 근 중에 정수가 있습니까?

(2) 근의 범위에 대하여 말해 봅시다.

(i) 작은 근의 범위:

(ii) 큰 근의 범위:

(3) 두 근의 곱의 부호는 ________이다.

**5.** 다음은 두 개의 함수 $y = ax^2 + bx + c$, $y = -x + 3$의 그래프입니다.

(1) 이 그래프를 이용하여 풀 수 있는 방정식을 써 봅시다($a$, $b$, $c$ 의 값을 구하지 않아도 됩니다).

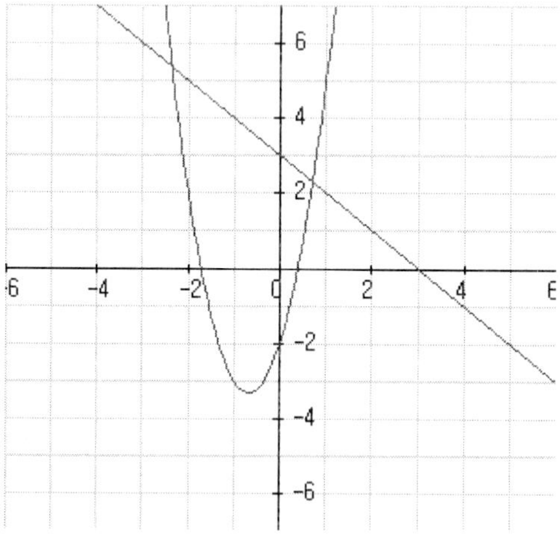


(2) (1)에 기록한 방정식의 근에 대하여 서술해 봅시다.

# 20 여러 가지 방정식의 해

**활동**

그래프의 G-Solv 기능을 이용하여 여러 가지 방정식의 근을 구한다.

**[활동전개]**

(1) 그래프의 G-Solve 기능을 이용하여 3, 4차방정식의 근을 구한다.

(2) 그래프를 G-Solve 기능을 이용하여 분수방정식의 근을 구한다.

(3) 그래프를 G-Solve 기능을 이용하여 지수방정식의 근을 구한다.

### [단계 1] 다음과 같이 환경을 설정한다.

① 메뉴선택

MENU 5(GRAPH)

② 그래프 화면 설정

[Shift] [F3](V-Window)

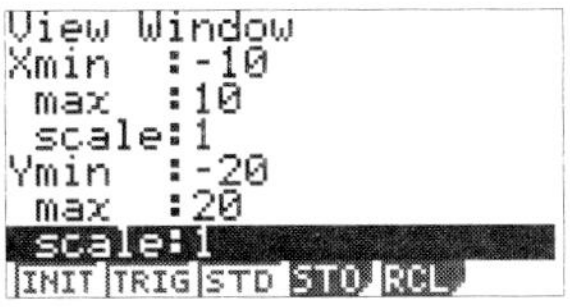


### [단계 2] 그래프를 이용하여 $x^3-2x^2-x-3=0$의 근을 구하여 봅시다.

③ 함수식 입력

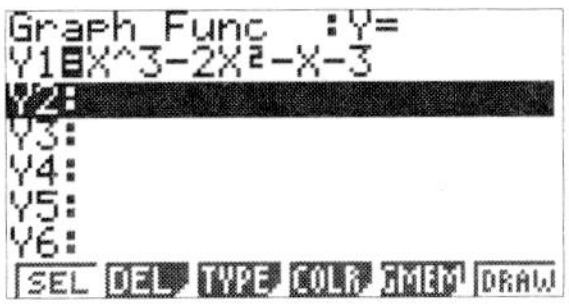

④ 그래프 그리기
F6(DRAW)

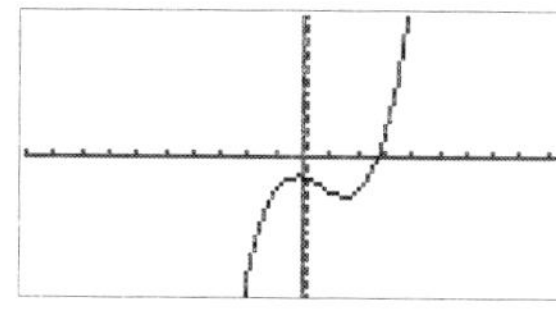

**[질문] (1)** $x^3-2x^2-x-3=0$의 해를 구하려면, $y=x^3-2x^2-x-3$의 그래프에서 $y$값이 0이 되는 점의 $x$좌표를 읽어야 합니다.
그래프에서 볼 때, $x^3-2x^2-x-3=0$의 해는 모두 몇 개입니까?
__________개

**(2)** $x^3-2x^2-x-3=0$의 해를 G-Solve 기능을 이용하여 소수점 아래 네 자리까지 구해 봅시다(화면 상단에 ■ 표시가 나오면 계산하는 중이므로 기다려야 한다).

________________________________________

________________________________________

________________________________________

**[단계 3] 그래프를 이용하여 $1-\dfrac{2}{x-2}=3$의 근을 구하여 봅시다.**

⑤ 함수식 입력

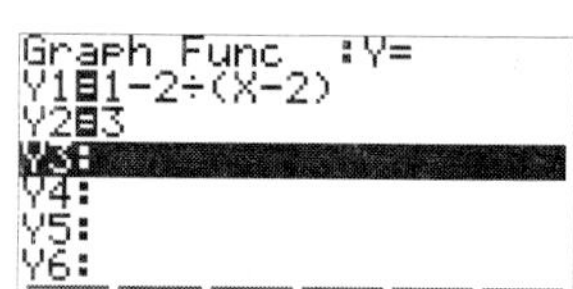


⑥ 그래프 그리기
F6(DRAW)

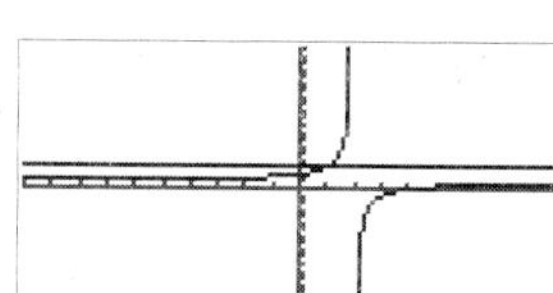

**[질문]** (3) G-Solve 기능을 이용하여 $1-\dfrac{2}{x-2}=3$ 의 해를 구해 봅시다.

(화면 상단에 ■ 표시가 나오면 아직 계산하는 중이므로 기다려야 한다.)

**[단계 4] 그래프를 이용하여 $(1+0.1)^x=2$ 의 근을 구해 봅시다.**

⑦ 함수식 입력

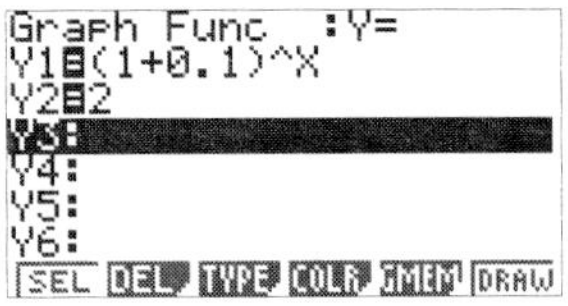


화면설정(V-Window): $-3 \le y \le 3$으로 바꾸는 것이 좋다. 이유는?

⑧ 그래프 그리기

F6(DRAW)

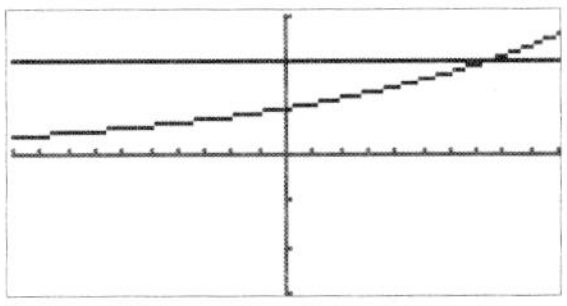

**[질문]** (4) G-Solve 기능을 이용하여 근을 소수 아래 네 자리까지 구해 봅시다.

(Shift F5(G-Solv) F5(Isct))

(화면 상단에 ■ 표시가 나오면 아직 계산하는 중이므로 기다려야 한다.)

(5) 실제 생활에서 $(1+0.1)^x=2$의 해를 구해야 하는 상황을 한 가지 말해 봅시다.

# 21 방정식 $x^2-2^x=0$의 해

**활동**

계산기의 G-Solv 기능을 이용하여 방정식 $x^2-2^x=0$의 근을 구한다.

**[단계 1] 다음과 같이 환경을 설정한다.**

① 메뉴선택

MENU 5(GRAPH)

② 그래프 환경 설정

[Shift][F3](V-Window)

Xmin=-4  Xmax=6  Scale=1

Ymin=-10  Ymax=10  Scale=1

☆ 값을 입력한 후, (EXE)를 누른다.

**[단계 2] 방정식 $x^2-2^x=0$의 그래프를 그리고 계산기의 G-Solv를 사용하여 근을 구한다.**

① 함수식 입력 준비

Y1으로 커서를 이동

[F3](TYPE) [F1](Y=)

② 함수식 입력

(X,θ,T) $x^2$ -2^ (X,θ,T) (EXE)

③ 그래프 그리기

[F6](DRAW)

④ 근 구하기

[Shift] [F5](G-Solv)

[F1](Root)

☆ 커서가 그래프 위를 이동하며 첫 번째 근을 찾아 화면 하단에 답을 나타낸다.
◀/▶를 누른다.

☆ 커서가 그래프 위를 이동하며 다음 근을 찾아 화면 하단에 답을 나타낸다.

**[질문]** **(1)** $y=x^2-2^x$의 그래프 개형을 말로 서술하여 봅시다.

______________________________________________

______________________________________________

**(2)** 방정식 $x^2-2^x=0$의 근은 모두 몇 개입니까?

______________________________________________

______________________________________________

**(3)** 방정식 $x^2-2^x=0$의 근을 모두 써 봅시다.

______________________________________________

______________________________________________

**(4)** $x$가 자연수라고 할 때, $x^2-2^x<0$를 만족하는 $x$ 값은 얼마입니까?

______________________________________________

______________________________________________

**(5)** $y=x^2-2^x$ 의 그래프를 보고 $x^2$과 $2^x$의 크기를 비교하여 봅시다.

______________________________________________

______________________________________________

## 탐구 및 발전과제

**1.** 특별한 봉급 체계

3D 업종에 해당하는 A, B 두 회사는 특별한 봉급 체계를 마련하고 종업원 모집에 나섰다. 이 두 회사의 근무조건과 매달 지급하는 봉급의 액수는 동일하다. 그러나 회사를 그만둘 때 지급하는 퇴직금에 차이가 있다. A, B 두 회사의 퇴직금 액수는 각각 다음과 같다.

(단위: 백 만원)

| 근무년수(※) | A 회사 | B 회사 |
|---|---|---|
| 1년 | 4 | 2 |
| 2년 | 7 | 4 |
| 3년 | 12 | 8 |
| 4년 | 19 | 16 |
| ⋮ | ⋮ | ⋮ |
| $n$년 | $n^2+2$ | $2^n$ |

※ 1년 미만은 버린다.

정수는 A, B 두 회사 중 퇴직금을 많이 받을 수 있는 곳에 취직하려고 한다. 그는 고심 끝에 B 회사에 입사원서를 내기로 하였다.
정수의 판단이 옳은가를 판단하기 위해서는 꼭 알아야 할 정보가 있다면 어떤 정보인가?

그 정보의 내용이 어떤 조건 아래서 정수의 판단이 옳은 지, 또 어떤 조건 아래서 옳지 않은지 설명하라.

# 제4장

# 삼각함수(1)

# 22 $y=\sin x$, $y=\cos x$, $y=\tan x$의 그래프 (1)

**활동**

$y=\sin x$, $y=\cos x$, $y=\tan x$의 대응표를 만들어 그래프를 그리고, 각 그래프의 특징을 탐색한다.

**[활동전개]**

(1) $y=\sin x$의 그래프를 그리고, 그 특징을 조사한다.

(2) $y=\cos x$의 그래프를 그리고, 그 특징을 조사한다.

(3) $y=\tan x$의 그래프를 그리고, 그 특징을 조사한다.

**[단계 1] 테이블 [TABLE] 모드에서 환경을 다음과 같이 설정한다.**

① 메뉴선택

MENU 7(TABLE)

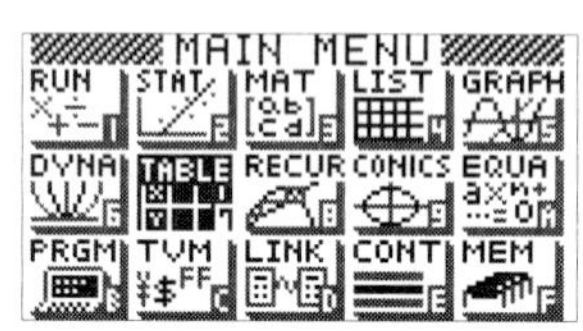


$0 \leq x \leq 360$
$-3 \leq y \leq 3$

② 그래프 화면설정

[Shift] V-Window

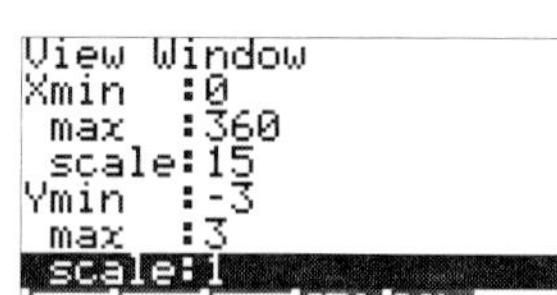


화면 이등분
각을 도(°)로 설정한다.
(Deg=degree)

[Shift] SETUP

Dual Screen 지정

[F1](T+G) [EXE]

▼ Angle: [F1](Deg) [EXE]

함수식 종류지정
함수식 입력

**[단계 2] $y=\sin x$ $(0 \le x \le 360)$의 대응표를 15°간격으로 만든다.**

① 함수식 입력

Y1으로 커서를 이동하고,

F3(TYPE) F1(Y=)

Y1= sin X,θ,T

EXE

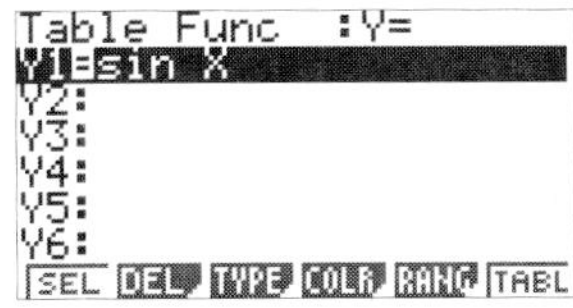


함수식 종류지정 함수식 입력

② 범위설정

F5(RANG)

EXE

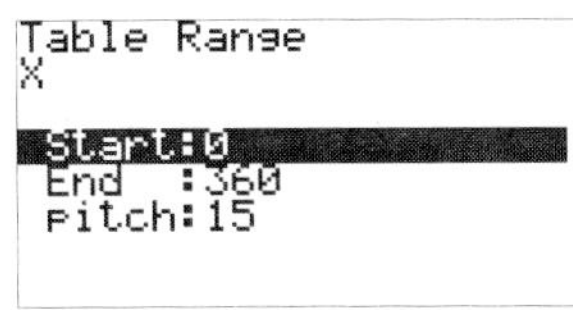


$x$의 범위: {0, 15, 30, 45, …, 345, 360}

③ 대응표 작성

F6(TABL)

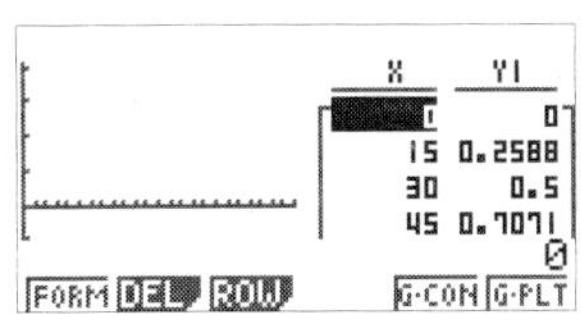


커서를 이동하여 각 $x$에 대한 $y$값을 확인할 수 있다.

**[질문]** (1) 그래픽계산기의 대응표를 보고 다음 표를 완성합시다.

| 각($x$°) | 0 | 30 | 60 | 90 | 120 | 150 | 180 | 210 | 240 | 270 | 300 | 330 | 360 |
|---|---|---|---|---|---|---|---|---|---|---|---|---|---|
| $\sin x$ | | | | | | | | | | | | | |

(2) 위의 대응표에서 $\sin x$ 값의 특징을 서술해 봅시다.

______________________________

______________________________

**[단계 3] 대응표에 제시된 값으로 $y=\sin x$의 그래프를 그리고, 그래프의 모양을 관찰한다.**

① 그래프 그리기

[F6](G-PLT)

② 그래프의 좌표 확인하기

[Shift] [F1](Trace)

◀/▶키를 사용하여 좌표값을 확인한다.

**[질문]** **(3)** 그래프의 모양이 어떻게 나타났습니까? 각자 관찰한 사실들을 써 봅시다.

______________________________________________

______________________________________________

**(4)** 위에서 $x$의 간격을 더 좁게 한다면 그래프가 어떻게 그려지겠습니까?

______________________________________________

______________________________________________

**(5)** $x$가 0과 360 사이의 모든 수로 하여 그래픽계산기로 $y=\sin x$의 그래프를 그리고, 그래프의 특징을 관찰해 봅시다.

______________________________________________

______________________________________________

① 그래프창에서 나오기

EXIT

② 다시 연속그래프 그리기

[F6](TABL) [F5](G-CON)

그래프 개형:

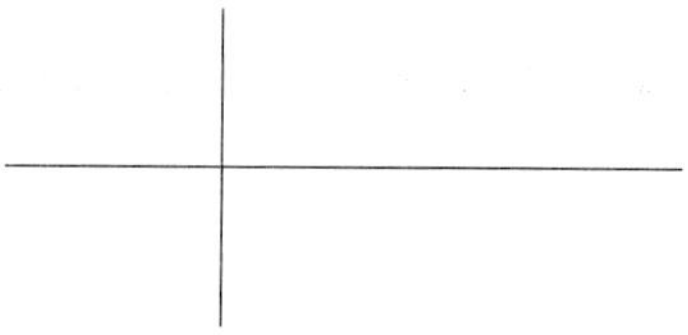

$y=\sin x$ 그래프의 특징:

---

**[단계 4] [TABLE] 모드에서 15°간격으로 $y=\cos x$ $(0 \le x \le 360)$의 대응표를 만든다.**

① 함수식 입력

Y1으로 커서를 이동하고,

F3(TYPE) F1(Y=)

Y1= cos X,θ,T

EXE

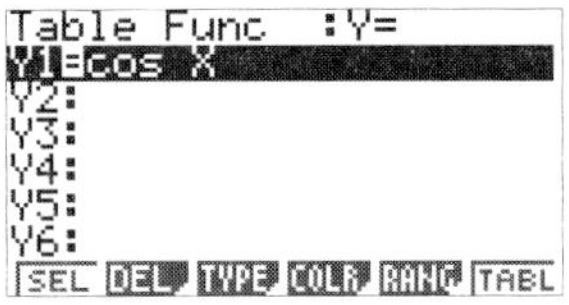


함수식 종류지정
함수식 입력

② 범위설정

F5(RANG)

EXE

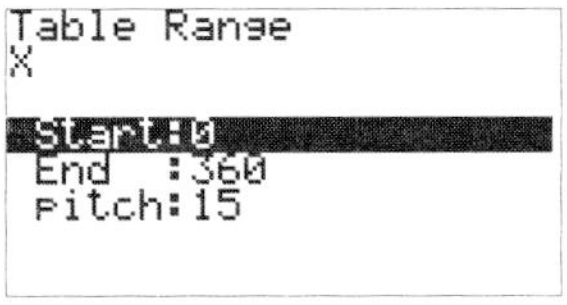


$x$ 의 범위:
{0, 15, 30, 45, ..., 345, 360}

③ 대응표 작성

F6(TABL)

☆ 환경 설정은 단계 1과 동일하게 한다.

커서를 이동하여 각 $x$ 에 대한 $y$ 값을 확인할 수 있다.

**[질문]** (6) 그래픽계산기의 대응표를 보고 다음 표를 완성합시다.

| 각($x$°) | 0 | 30 | 60 | 90 | 120 | 150 | 180 | 210 | 240 | 270 | 300 | 330 | 360 |
|---|---|---|---|---|---|---|---|---|---|---|---|---|---|
| $\cos x$ | | | | | | | | | | | | | |

(7) 위의 대응표에서 $\cos x$ 값의 특징을 서술해 봅시다.

______________________________________________

______________________________________________

**[단계 5] 대응표에 제시된 값으로 $y = \cos x$ 그래프를 그리고, 그래프의 모양을 관찰 한다.**

① 그래프 그리기
F6(G-PLT)

② 그래프의 좌표 확인하기
Shift F1(Trace)

**[질문]** (8) 그래프의 모양이 어떻게 나타났습니까? 각자 관찰한 사실들을 써 봅시다.

______________________________________________

______________________________________________

(9) 위에서 $x$의 간격을 더 좁게 한다면 그래프가 어떻게 그려지겠습니까?

______________________________________________

______________________________________________

(10) $x$를 0과 360 사이의 모든 수로 하여 그래픽계산기로 $y = \cos x$ 의 그래프를 그리고, 그래프의 특징을 관찰해 봅시다.

______________________________________________

______________________________________________

① 그래프창에서 나오기

EXIT

② 다시 연속그래프 그리기

F6(TABL) F5(G−CON)

그래프 개형:

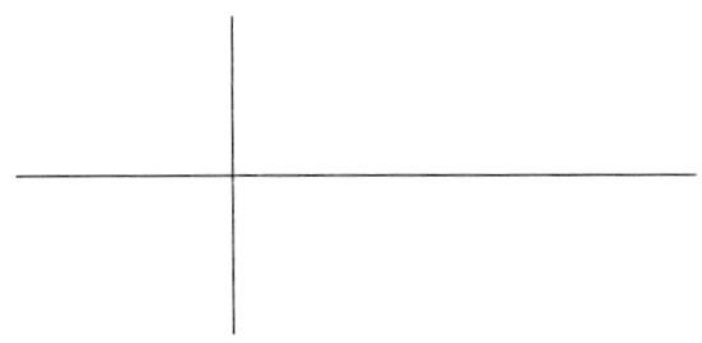

$y=\cos x$ 그래프의 특징:

[단계 6] [테이블] 모드에서 15°간격으로 $y=\tan x$ $(0 \le x \le 360)$의 대응표를 만든다.

① 함수식 입력

Y1으로 커서 이동:

F3(TYPE) F1(Y=)

Y1= tan (X,θ,T) (EXE)

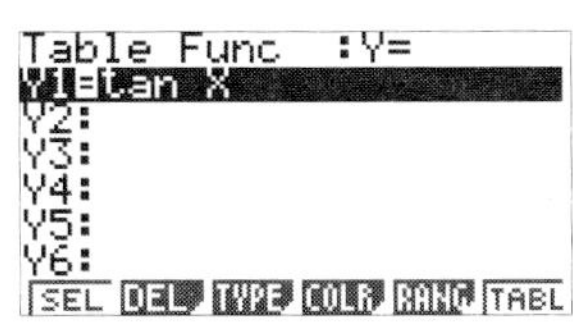


함수식 종류지정
함수식 입력

② 대응표 범위설정

F5(RANG)

(EXE)

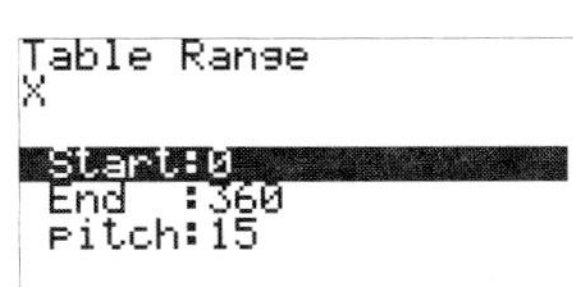


$x$ 의 범위:
{0, 15, 30, 45, ..., 345, 360}

③ 대응표 작성

F6(TABL)

☆ 환경 설정은 단계 1과 동일하게 한다.

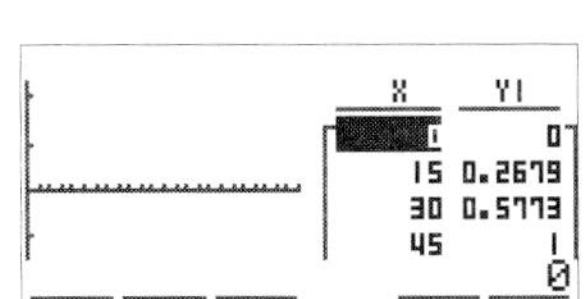

**[질문]** **(12)** 그래픽계산기의 대응표를 보고 다음 표를 완성합시다.

| 각($x$ °) | 0 | 30 | 60 | 90 | 120 | 150 | 180 | 210 | 240 | 270 | 300 | 330 | 360 |
|---|---|---|---|---|---|---|---|---|---|---|---|---|---|
| $\tan x$ | | | | | | | | | | | | | |

**(13)** 함숫값이 정해지지 않은 경우는 $x$ 가 얼마일 때입니까?

______________________________

왜 그러한 $x$값에 대하여 함숫값이 정해지지 않는지 설명할 수 있습니까?

______________________________

______________________________

(참고: $\tan x = \dfrac{\sin x}{\cos x}$ 입니다.)

**(14)** 위의 대응표를 보고 $\tan x$의 특징을 서술해 봅시다.

______________________________

______________________________

**[단계 7] 대응표에 제시된 값을 그래프로 그리고, 그래프의 모양을 관찰한다.**

① 그래프 그리기

[F6](G-PLT)

② 그래프의 좌표 확인하기

[Shift] [F1](Trace)

◀/▶키를 사용하여 좌표 값을 확인한다.

**[질문]** **(15)** 그래프의 모양을 서술해 봅시다.

______________________________

______________________________

(16) $x$의 간격을 더 좁게 한다면 그래프가 어떻게 그려지겠는지 예측해 봅시다.

(17) $x$가 0과 360 사이의 모든 수로 하여 그래픽계산기로 $y=\tan x$의 그래프를 그리고, 그래프의 특징을 관찰해 봅시다.

① 그래프창에서 나오기

EXIT

② 다시 연속그래프 그리기

F6(TABL) F5(G−CON)

그래프 개형:

그래프의 특징:

## 탐구 및 발전과제

**1.** 질문 (1)의 대응표에 나타난 $\sin x$의 값과 질문 (6)의 대응표에 나타난 $\cos x$의 값을 보고 다음 표를 완성합시다.

| 각($\chi$ ° ) | 0 | 30 | 60 | 90 | 120 | 150 | 180 | 210 | 240 | 270 | 300 | 330 | 360 |
|---|---|---|---|---|---|---|---|---|---|---|---|---|---|
| $\sin x$ | | | | | | | | | | | | | |
| $\cos x$ | | | | | | | | | | | | | |

위의 표에서 $\sin x$와 $\cos x$값을 비교·관찰하여 발견한 바를 써 봅시다.

**2.** 위의 대응표를 보고 $y=\sin x$와 $y=\cos x$의 그래프의 개형을 같은 좌표평면에 그리고, 두 그래프 사이의 관계를 서술해 봅시다.

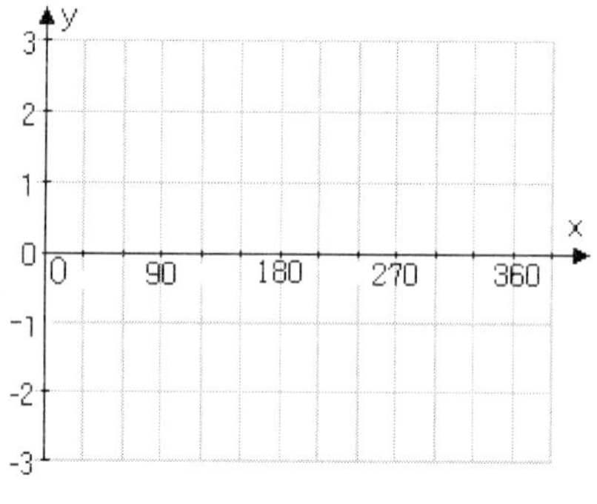

# 23 $y = \sin x$, $y = \cos x$ 의 그래프 (2)

**활 동**

$y = \sin x$, $y = \cos x$의 그래프의 특징을 탐색한다.

**[활동전개]**

(1) $y = \sin x$ 의 그래프의 특징을 조사한다.

(2) $y = \cos x$의 그래프의 특징을 조사한다.

## [단계 1] 그래프 모드에서 환경을 다음과 같이 설정한다.

① 메뉴선택

MENU 5(GRAPH)

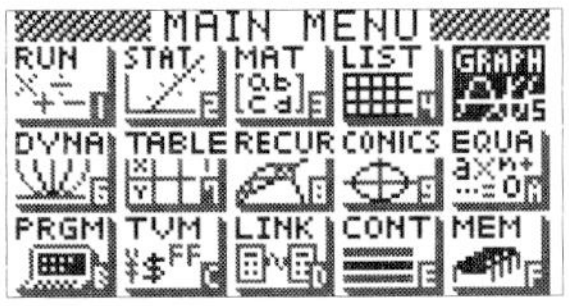


② 그래프 화면설정

Shift SETUP

Dual Screen F3(Off)

▼ Angle: F1(Deg) EXE

각을 도(°)로 설정한다.
(Deg=degree)

Shift V-Window

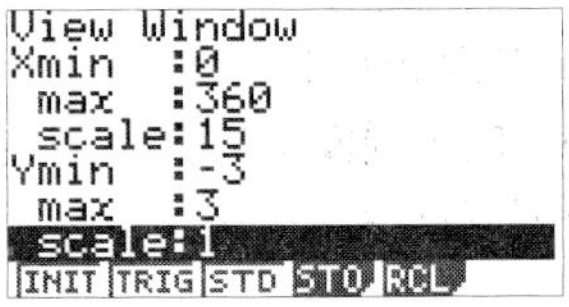

**[단계 2]** $y = \sin x$ $(0 \le x \le 360)$**의 그래프를 그려서 그 특징을 조사한다.**

① 함수식 입력

Y1= sin [X,θ,T] [EXE]

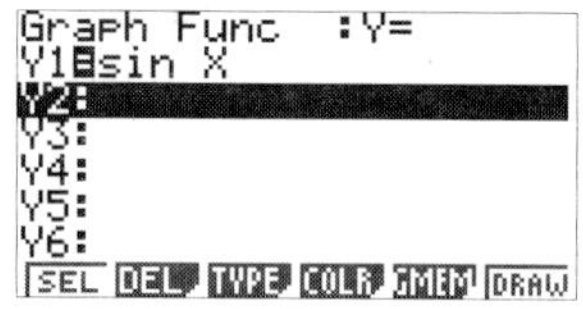


② 그래프 그리기

[F6](Draw) [EXE]

**[질문]** (1) $y = \sin x$의 그래프의 개형을 다음에 그려 봅시다.

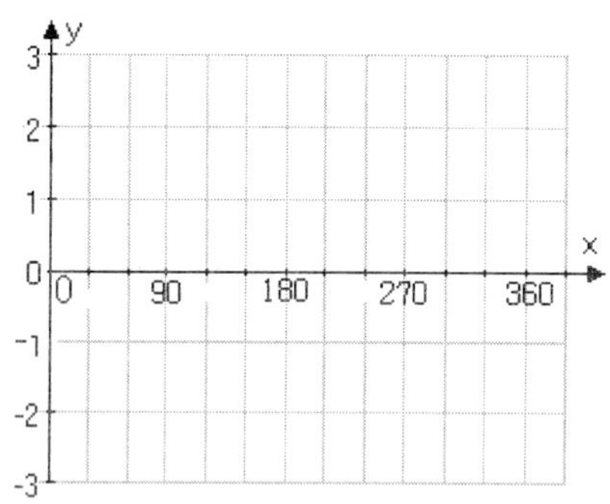


(2) $y = \sin x$에서 $y$의 최댓값과 최솟값은 각각 얼마입니까?
또 그 때의 $x$값은 각각 얼마입니까?

(i) $y$의 최댓값: ______________ $y$가 최대일 때 $x$값: ________________

(ii) $y$의 최솟값: ______________ $y$가 최대일 때 $x$값: ________________

💡 [Trace] 기능([Shift] TRACE ◀/▶/▲/▼)으로 모든 $x$ 값이 추적되지 않으므로 여기에서는 [G-Solv]기능으로 최대, 최솟값을 구하는 것이 좋습니다.
[Shift][G-Solv] [F2](Max)로 최댓값을, [Shift][G-Solv] [F3](Min)로 최솟값, 그리고 그때의 $x$ 값을 각각 구할 수 있습니다.

(3) $y=\sin x$의 그래프에서 $y$의 값이 0이 되는 점은 몇 개 있습니까? 또 그때의 $x$값을 써 봅시다.

(4) $y=\sin x$에서 $y$가 양수, 또는 음수가 되는 $x$의 범위는 각각 얼마입니까?

$y>0$인 $x$의 범위:

$y<0$인 $x$의 범위:

(5) 그래프에서 대칭성(선대칭, 점대칭 등)을 발견할 수 있으면 써 봅시다.

**[단계 3] $y=\cos x$ $(0 \le x \le 360)$의 그래프를 그려서 그 특징을 조사한다.**

① 함수식 입력

Y1= cos [X,θ,T] [EXE]

환경설정은 단계 1과 동일함.

**[질문]** (6) $y=\cos x$의 그래프의 개형을 다음에 그려 봅시다.

(7) $y=\cos x$에서 $y$의 최댓값과 최솟값은 각각 얼마입니까?
또 그 때의 $x$값은 각각 얼마입니까?

(i) $y$의 최댓값: ______ $y$가 최대일 때 $x$값: ______

(ii) $y$의 최솟값: ______ $y$가 최대일 때 $x$값: ______

[Shift] [G-Solv] 기능을 이용한다.

(8) $y=\cos x$의 그래프에서 $y$의 값이 0이 되는 점은 몇 개 있습니까? 또 그때의 $x$값을 써 봅시다.

---

---

💡 [Trace] 기능(Shift TRACE ◀/▶/▲/▼) 또는 [G-Solv]기능 (Shift [G-Solv] F1(Root))으로 $y=0$인 점과 그때의 $x$ 값을 각각 구할 수 있습니다.

(9) $y=\sin x$에서 $y$가 양수, 또는 음수가 되는 $x$ 의 범위는 각각 얼마입니까?

$y>0$인 $x$의 범위:

$y<0$인 $x$의 범위:

(10) $y=\cos x$의 그래프에서 대칭성(선대칭, 점대칭 등)을 발견할 수 있으면 써 봅시다.

---

---

그래프의 모양이 어떻게 나타났습니까? 각자 관찰한 사실들을 써 봅시다.

---

---

**[단계 4] $y=\sin x$와 $y=\cos x$ $(0\le x\le 360)$의 그래프를 동일 좌표평면에 그려서 두 그래프의 관계를 관찰한다.**

① 함수식 입력

Y1= sin (X,θ,T) (EXE)

Y2= cos (X,θ,T) (EXE)

(EXE)

환경설정은 단계 1과 동일함.

**[질문] (11)** 두 그래프 사이의 공통점과 차이점은 각각 무엇입니까?

공통점: ______________________________

______________________________

______________________________

차이점: ______________________________

______________________________

______________________________

**(12)** $y=\sin x$의 그래프를 평행이동하면 $y=\cos x$의 그래프와 일치하게 할 수 있습니다. 그래프를 어느 방향으로 얼마만큼 평행이동시키면 $y=\cos x$의 그래프와 일치합니까?

방향: ______________________________

______________________________

______________________________

크기: ______________________________

______________________________

______________________________

**(13)** $y=\sin x$의 그래프를 위에 기록한 방향과 크기로 평행이동한 그래프의 식을 sin함수로 나타내면 어떻게 되겠습니까?

(☆ $y=2\sin x$, $y=\sin(x+50)$, $y=\sin(x-30)$, $y=\sin x+90$과 같이 함수식에 sin을 포함하고 있는 함수로 나타내면 된다.)

$y=$ ______________________________

**(14)** 그래픽계산기를 사용하여 각자의 결과를 확인해 봅시다.

| Y1에 위에서 자신이 기록한 함수를 입력하고,<br>Y2= cos x를 입력하여 Y1, Y2의 그래프가 일치하는가를 확인한다. |
|---|

두 그래프가 일치합니까? 그러면 다음 빈 칸을 채워 봅시다.

$\cos x=\sin$ ______________________________

두 그래프가 일치하지 않으면, (11)에 기록한 자신의 답을 다음에 수정하고 그래픽계산기로 다시 확인합시다.

(i) $y=$ ______________________

(ii) $y=$ ______________________

## 탐구 및 발전과제

1. $y=\cos x$의 그래프를 평행이동하면 $y=\sin x$의 그래프와 일치하게 할 수 있습니다.

(1) $y=\cos x$의 그래프를 어느 방향으로 얼마만큼 평행이동시키면 됩니까?

(2) $y=\cos x$의 그래프를 위에 기록한 방향과 크기로 평행이동한 그래프의 식을 cos 함수로 나타내면 어떻게 되겠습니까?

2. 다음 함수의 그래프가 각각 어떻게 그려지겠습니까? 먼저 추측해 보고 그래픽계산기로 확인해 봅시다.

(1) $y=\sin(x-90)$

(2) $y=\sin(x+180)$

(3) $y=\sin(x-180)$

# 24 $y = \tan x$의 그래프

**활동**

$y = \sin x$, $y = \cos x$의 그래프의 특징을 탐색한다.

**[활동전개]**

(1) $y = \tan x$ 의 그래프를 그리고, 그 특징을 조사한다.

**[단계 1] 그래프 모드에서 환경을 다음과 같이 설정한다.**

① 메뉴선택

MENU 5(GRAPH)

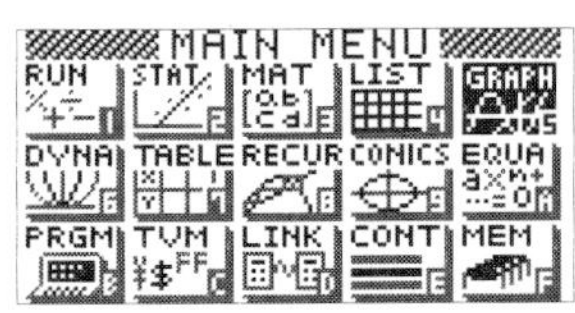


② 그래프 화면설정

Shift SETUP

Dual Screen F3(Off)

▼ Angle: F1(Deg) EXE

각을 도(°)로 설정한다.
(Deg=degree)

Shift V-Window

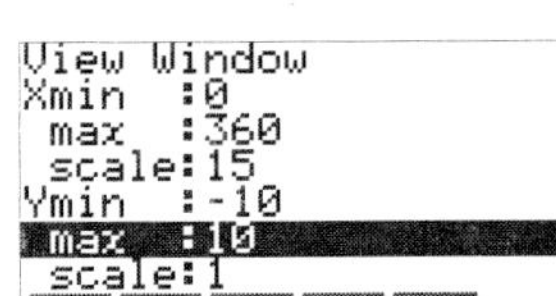


$0 \leq x \leq 360$
$-10 \leq y \leq 10$

**[단계 2] $y = \tan x$ $(0 \leq x \leq 360)$의 그래프를 그려서 그 특징을 조사한다.**

① 함수식 입력하고 그래프 그리기

Y1= tan (X,θ,T) (EXE)

**[질문]** **(1)** $y = \tan x$의 그래프 개형을 다음에 그려 봅시다.

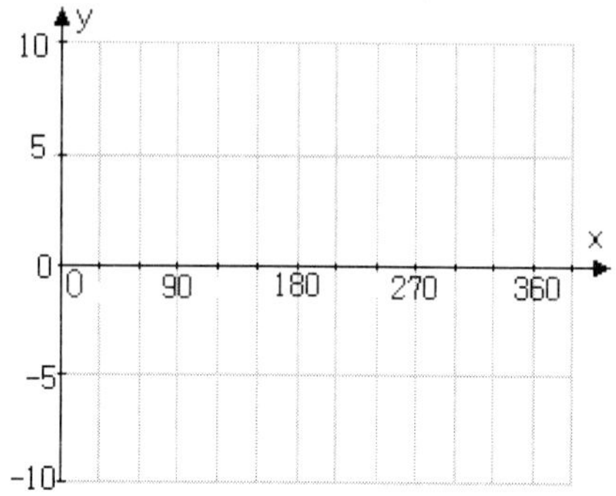

**(2)** $y = \tan x$의 그래프에서 [Trace] 기능(Shift[Trace]▶)을 활용하여 $0 \le x < 90$ 인 임의의 $x$값에 대하여 다음 표를 채워 봅시다.

| $x$ | 0 | | | | | | | | |
|---|---|---|---|---|---|---|---|---|---|
| $\tan x$ | | | | | | | | | |

**(3)** $y = \tan x$에서 최댓값이나 최솟값이 있습니까?

**(4)** $y = \tan x$에서 $y$가 양수, 또는 음수가 되는 $x$의 범위는 각각 얼마입니까?

$y > 0$인 $x$의 범위:

$y < 0$인 $x$의 범위:

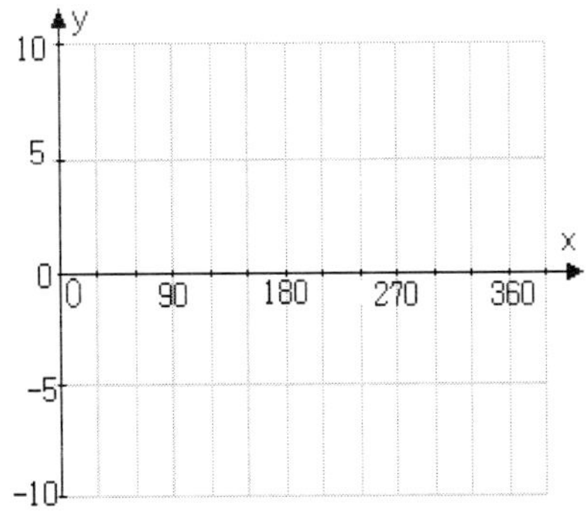


**[단계 3] $x = 90$, $x = 270$, $y = \tan x$의 그래프 사이의 관계를 조사한다.**

① 함수식 추가 준비

Y2에 커서 이동:

F3(TYPE) F4(x=c)

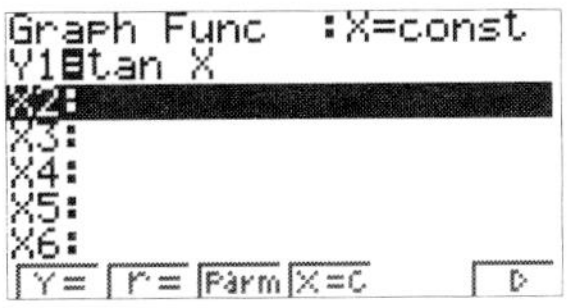


② 함수식 입력

X2= 90

X3= 270 EXE

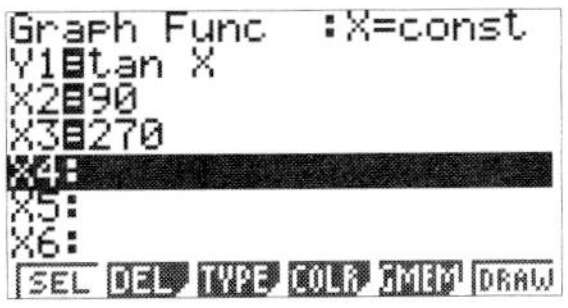


Y1=tan $x$ 는 그대로 둔다.

③ 그래프 그리기

F6(Draw)

**[질문] (5)** 그래픽계산기에 그려진 그래프를 관찰하여 그래프 사이에 교점이 있는지 살펴봅시다.

(i) $y = \tan x$와 $x = 90$의 그래프 사이에 교점이 있습니까?

________________________________________

________________________________________

(ii) $y=\tan x$와 $x=270$의 그래프 사이에 교점이 있습니까?

(6) $y=\tan x,\ x=90,\ x=270$의 그래프 개형을 다음에 함께 그려 봅시다.

(7) $y=\tan x$의 그래프의 특징을 서술해 봅시다.

# 제5장

# 삼각함수(2)

25. $y = A\sin x\ (A \neq 0)$의 그래프
26. $y = A\cos x\ (A \neq 0)$의 그래프
27. $y = \sin Bx$, $y = \cos Bx$,
    $y = \tan Bx\ (B \neq 0)$의 그래프
28. 삼각함수 $y = A\cos Bx$, $y = A\cos Bx$,
    $y = A\tan Bx\ (B \neq 0)$의 그래프
29. 삼각함수의 평행이동

제5장에서는 각의 단위로 "반지름이 1인 단위원의 호 길이"로 나타내는 라디안(Radiam)을 사용한다.

# 25 $y = A\sin x\,(A \neq 0)$ 의 그래프

**활동**

$y = A\sin x\,(A \neq 0)$ 의 그래프의 특징을 알아보고, 그래프에서 $A$ 의 역할을 탐색한다.

**[활동전개]**

(1) $y = A\sin x\,(A \neq 0)$ 의 그래프를 그리고, 그 특징을 조사한다.

(2) $y = A\sin x\,(A \neq 0)$ 의 그래프에서 $A$ 값과 그래프와의 관계를 탐구한다.

**[단계 1] 그래프 모드에서 $y = \sin x$, $y = 2\sin x$, $y = 3\sin x$의 그래프를 그린다.**

① 메뉴선택

MENU 5(GRAPH)

② 환경설정

Shift SETUP

▼ Angle: F2(Rad) EXE

각($\theta$)을 라디안으로 설정한다.

Shift V-Window

Xmin $=-4\pi$, Xmax $= 4\pi$, Xscale $= \pi/4$,

Ymin $= -4$, Ymax $= 4$, Yscale $= 1$

③ 함수식 입력

Y1으로 커서 이동

[F3](TYPE) [F1](Y =)

Y1 = [ALPHA] A sin (X,θ,T), [A = 1, 2, 3]

(EXE)

④ 그래프 그리기

[F6](DRAW)

※ 계산기의 특성상 $\pi$로 입력한 것이 계산기 화면에는 소수로 나타난다.

**[질문]** (1) 그래프 화면에서 어느 것이 $y = \sin x$, $y = 2\sin x$, $y = 3\sin x$의 그래프인지 각각 말해 봅시다.

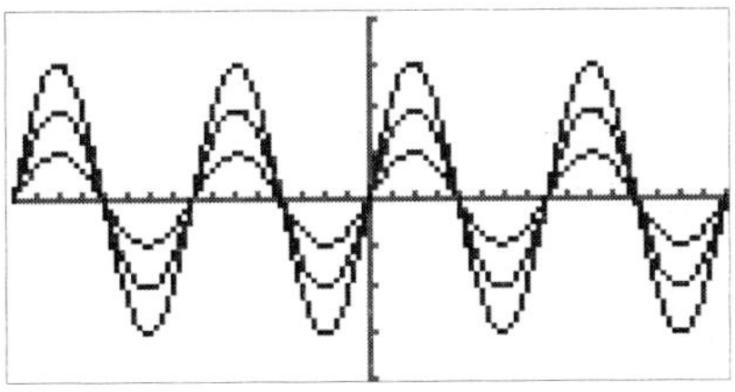

(2) $y = \sin x$, $y = 2\sin x$, $y = 3\sin x$ 그래프의 공통점과 차이점을 말해 봅시다.

공통점: ______________________________

______________________________

______________________________

차이점: ______________________________

______________________________

______________________________

(3) 각 그래프에서 대칭성(좌표축에 대한 대칭, 원점에 대한 대칭 등)을 발견할 수 있습니까?

______________________________

______________________________

**(4)** 각 그래프가 $x$축과 만나는 점의 $x$좌표는 얼마입니까?

☆ trace 기능(Shift TRACE ◀/▶/▲/▼를 사용하여 $x$좌표를 구할 수 있다.

**(5)** 각 그래프에서 최댓값과 최솟값을 각각 말해 봅시다.

$y = \sin x$ 최댓값: ______________ 최솟값: ______________

$y = 2\sin x$ 최댓값: ______________ 최솟값: ______________

$y = 3\sin x$ 최댓값: ______________ 최솟값: ______________

**(6)** $y = 4\sin x$, $y = \dfrac{1}{2}\sin x$ 의 그래프 모양을 각각 예측해 봅시다.

그래픽 계산기로 각자의 답을 확인해 봅시다.

① 그래프 창에서 나오기

EXIT

② 함수식 입력

Y2로 커서 이동, 4 sin (X,θ,T) (EXE)

Y3로 커서 이동, (1÷2) sin (X,θ,T) (EXE)

③ 그래프 그리기

F6(Draw)

**[단계 2] [Dyna] 기능을 이용하여 $y = A\sin x(A > 0)$의 그래프를 그리고 그래프에서 $A$의 역할을 탐색한다.**

① 메뉴선택

MENU 6(DYNA)

② 함수식 입력

Y1= A sin (X,θ,T) (EXE)

Y1, Y2, Y3에 입력된 함수식을 모두 삭제하고 Y1을 입력한다.

③ A의 범위지정

F4(VAR) A값에 1 입력

F2(Range) Start:1 End: 4 Pitch: 1

④ 동영상 속도 조절

F3(SPEED) Stop&Go 선택 (EXE)

⑤ 그래프 그리기

F6(DYNA)

화면에 그려진 그래프의 A값이 화면 왼쪽 하단에 나타난다. 다음 그래프를 보려면 (EXE)를 누른다.

**[질문]** (7) $y = A\sin x(A > 0)$의 그래프에서 $A$의 값은 어떤 역할을 합니까?

$A$ 값이 클수록

(8) $y = A\sin x(A \neq 0)$은 일정한 간격으로 동일한 함숫값이 되풀이되는 주기함수입니다. 이 함수의 **주기**는 얼마입니까?

## 탐구 및 발전과제

**1.** 다음 그래프들의 개형을 좌표평면에 그려 봅시다.

(1) $y = 3\sin x$

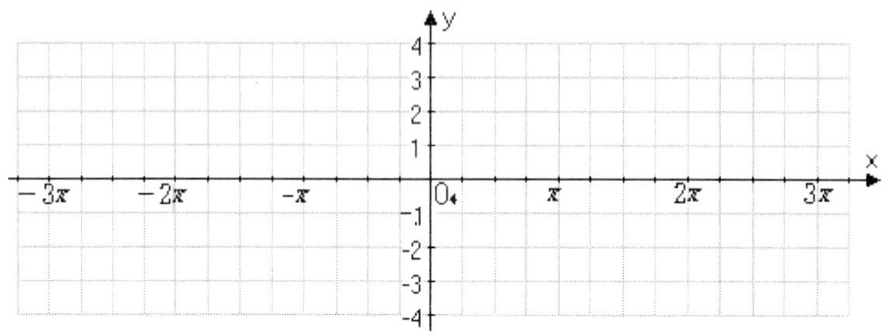


(2) $y = 1.5\sin x$

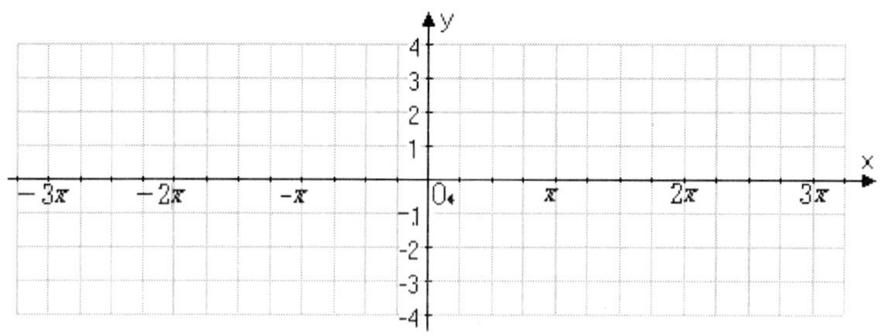


계산기를 사용하여 각자의 결과를 확인해 봅시다.

**2.** $y = -\sin x$, $y = -2\sin x$의 그래프 개형을 좌표평면에 그려 봅시다.

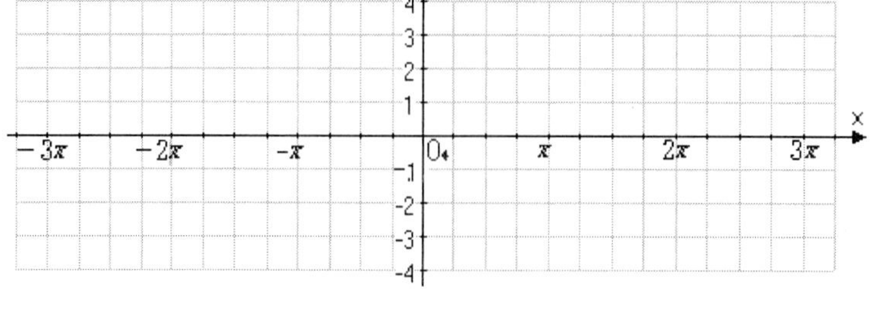

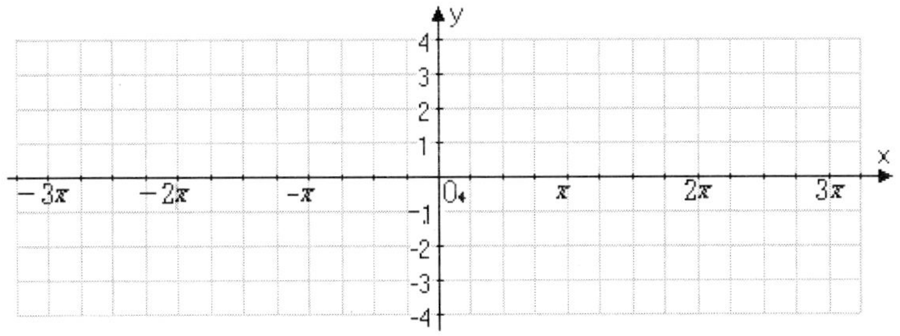


계산기를 사용하여 각자의 결과를 확인해 봅시다.

3. $y=-\sin x$의 그래프의 특징을 $y=\sin x$의 그래프와 비교하여 말해 봅시다.

4. $y=-A\sin x\,(A>0)$의 그래프의 특징을 말해 봅시다.

(1) $y=A\sin$의 그래프와의 관계

(2) 주기, $y$ 값의 범위, 대칭성 등

# 26 $y = A\cos x\ (A \neq 0)$ 의 그래프

**활 동**

$y = A\cos x\ (A \neq 0)$ 의 그래프의 특징을 알아보고, 그래프에서 $A$ 의 역할을 탐색한다.

**[활동전개]**

(1) $y = A\cos x\ (A \neq 0)$ 의 그래프의 특징을 조사한다.

(2) $y = A\cos x\ (A \neq 0)$ 의 그래프에서 $A$ 값과 그래프와의 관계를 탐구한다.

## [단계 1] 환경설정

① 메뉴선택

MENU 5(Graph)

② 그래프 화면설정

Shift F3(V-Window)

Xmin =-4$\pi$ , Xmax = 4$\pi$ , Xscale = $\pi/4$,

Ymin = -4, Ymax = 4, Yscale = 1

③ 각을 라디안(Radian)으로 설정

Shift SET-UP

▼를 사용하여 커서를 Angle로 이동

F2(Rad) EXE

**[단계 2]** $y=\cos x$, $y=2\cos x$, $y=3\cos x$**의 그래프를 그린다.**

① 함수식 입력 준비
Y1으로 커서 이동
F3(TYPE) F1(Y=)

② $y=A\cos x$ ($A=1, 2, 3$ 일 때)
그래프가 차례로 그려지도록 함수식 입력
Y1= ALPHA A cos (X,θ,T), [A=1, 2, 3] (EXE)

③ 그래프 그리기
F6(Draw)

**[질문]** (1) $y=\cos x$, $y=2\cos x$, $y=3\cos x$의 그래프를 관찰하여 세 그래프의 공통점과 차이점을 말해 봅시다.

공통점: ______________________________

______________________________

______________________________

차이점: ______________________________

______________________________

______________________________

(2) 각 그래프에서 대칭성(좌표축에 대한 대칭, 원점에 대한 대칭 등)을 발견할 수 있습니까?

______________________________

______________________________

(3) 각 그래프가 $x$축과 만나는 점의 $x$좌표는 얼마입니까?

______________________________

______________________________

☆ trace 기능(Shift TRACE ◀/▶/▲/▼를 사용하여 $x$좌표를 구할 수 있다.

**(4)** $y = 4\cos x$, $y = -\cos x$ 의 그래프 모양을 각각 예측해 봅시다.

______________________________________________

______________________________________________

그래픽계산기로 그래프를 그려서 각자의 답을 확인해 봅시다.

① 그래프 창에서 나오기

EXIT

② 함수식 입력

Y2= 4 cos (X,θ,T) (EXE)

Y3= (−) cos (X,θ,T) (EXE)

Y1은 그려지지 않게 SEL (F1)

③ 그래프 그리기

(F6)(Draw)

**[단계 3] [Dyna] 기능을 이용하여 $y = A\cos x\,(A > 0)$ 의 그래프를 그리고 그래프에서 $A$ 의 역할을 탐색한다.**

① 메뉴선택

MENU 6(DYNA)

② 함수식 입력

Y1= A cos (X,θ,T) (EXE)

Y1, Y2, Y3에 입력된 함수식을 모두 삭제한다.

③ A의 범위 지정

F4(VAR) $A$값에 1 입력

F2(Range) Start:1 End: 4 Pitch: 1

A=1, 2, 3, 4

④ 동영상 속도 조절

F3(SPEED) Stop&Go 선택 EXE

⑤ 그래프 그리기

F6(DYNA)

화면에 그려진 그래프의 A값이 화면 왼쪽 하단에 나타난다. 다음 그래프를 보려면 EXE를 누른다.

**[질문] (5)** $y = A\cos x\,(A > 0)$의 그래프에서 $A$의 값은 어떤 역할을 합니까?

$A$ 값이 클수록

---

> $\cos x = \cos(x + 2\pi) = \cos(x + 4\pi) = \cdots$ 이므로 $y = \cos x$는 $2\pi$마다 동일한 함숫값을 갖습니다. 즉 정수 $n$에 대하여 $\cos x = \cos(x + 2n\pi)$ 입니다.
> 이와 같이 일정한 간격으로 동일한 함숫값이 되풀이되는 함수를 주기함수라고 하며, 그 일정한 간격을 주기라고 합니다.
> 그러므로 $y = \cos x$는 주기함수이며, 주기는 $2\pi$입니다.

**(6)** $y = A\cos x\,(A \neq 0)$는 주기함수입니다. 주기는 얼마입니까?

---

---

## 탐구 및 발전과제

1. 다음 함수의 그래프 개형을 그려봅시다.

(1) $y = 3\cos x$

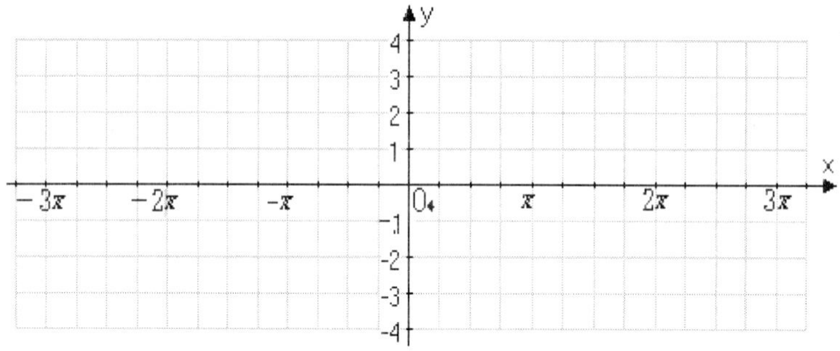


(2) $y = 1.5\cos x$

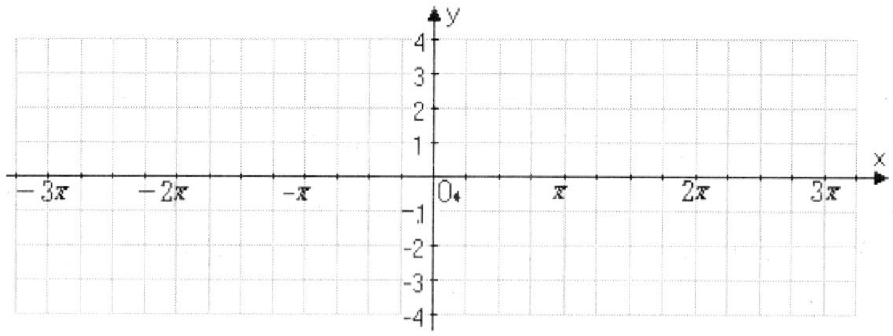


계산기를 사용하여 각자의 결과를 확인해 봅시다.

2. $y = -\cos x$, $y = -2\cos x$의 그래프 개형을 각각 좌표평면에 그려 봅시다.

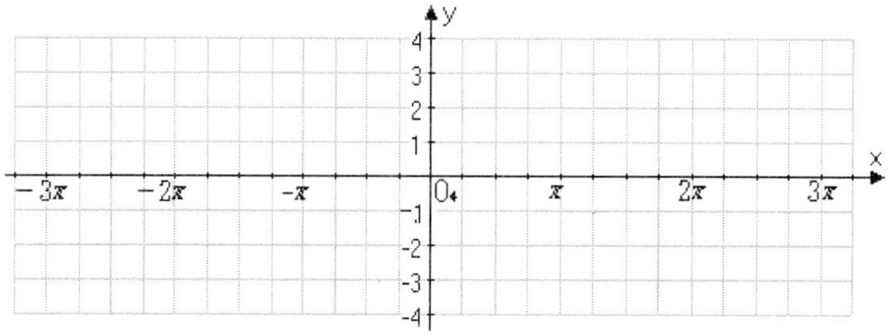

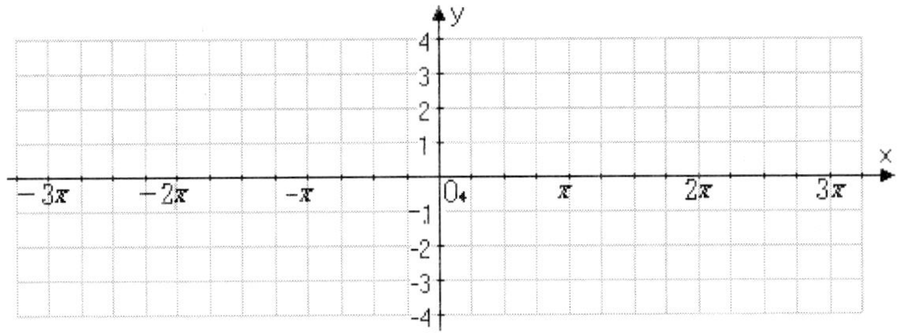


계산기를 사용하여 각자의 결과를 확인해 봅시다.

**3.** $y = -\cos x$의 그래프의 특징을 $y = \cos x$의 그래프와 비교하여 말해 봅시다.

**4.** $y = -A\cos x\,(A > 0)$의 그래프의 특징을 말해 봅시다.

(1) $y = A\cos x$의 그래프와의 관계

(2) 주기, $y$ 값의 범위, 대칭성 등

# 27 $y=\sin Bx$, $y=\cos Bx$, $y=\tan Bx$ $(B\neq 0)$ 의 그래프

**활동**

삼각함수 $y=\sin Bx$ , $y=\cos Bx$ , $y=\tan Bx$ $(B\neq 0)$ 의 그래프 모양과 특징을 관찰하고, 각 그래프에서 $B$의 역할을 탐색한다.

**[활동전개]**

(1) $y=\sin Bx$ , $y=\cos Bx$ , $y=\tan Bx$ $(B\neq 0)$ 의 그래프의 특징을 조사한다.

(2) $y=\sin Bx$ , $y=\cos Bx$ , $y=\tan Bx$ $(B\neq 0)$ 의 그래프 $B$값의 관계를 탐구한다.

## [단계 1] 환경설정

① 매뉴선택

MENU 5(Graph)

② 그래프 화면설정

[Shift] [F3](V-Window)

Xmin =$-4\pi$ , Xmax = $4\pi$ , Xscale = $\pi/4$,

Ymin = −4, Ymax = 4, Yscale = 1

③ 각을 라디안(Radian)으로 설정

[Shift] SET-UP

▼를 사용하여 커서를 Angle로 이동

[F2](Rad) [EXE]

**[단계 2] $y=\sin x$, $y=\sin 2x$, $y=\sin 3x$ 의 그래프를 그린다.**

① 함수식 입력

Y1으로 커서 이동

F3(TYPE) F1(Y=)

Y1= sin ALPHA B (X,θ,T), [B=1, 2, 3] (EXE)

② 그래프 그리기

F6(Draw)

**[질문]** ※ $y=\sin x$, $y=\sin 2x$, $y=\sin 3x$ 의 그래프를 관찰하여 물음에 답해봅시다.

**(1)** 그래프의 공통점과 차이점을 말해 봅시다.

공통점: ______________________________

______________________________

______________________________

차이점: ______________________________

______________________________

______________________________

**(2)** 각 그래프에서 대칭성(좌표축에 대한 대칭, 원점에 대한 대칭 등)을 발견할 수 있습니까?

______________________________

______________________________

**(3)** 각 그래프가 $x$축과 만나는 점의 $x$좌표는 얼마입니까?

______________________________

______________________________

☆ trace 기능(Shift TRACE ◀/▶/▲/▼를 사용하여 $x$좌표를 구할 수 있다.

(4) $y=\sin 4x$, $y=\sin\frac{1}{2}x$ 의 그래프 모양을 각각 예측해 봅시다.

---

---

그래픽 계산기로 그래프를 그려서 각자의 답을 확인해 봅시다.

① 그래프 창에서 나오기

EXIT

② 함수식 입력

Y2로 커서 이동, sin 4 [X,θ,T] [EXE]

Y3로 커서 이동, sin (1÷2) [X,θ,T] [EXE]

③ 그래프 그리기

[F6](Draw)

---

---

**[단계 3] $y=\cos x$, $y=\cos 2x$, $y=\cos 3x$ 의 그래프를 그린다.**

① 함수식 입력 준비

Y1, Y2 , Y3으로 커서 이동

[F1](SEL)

Y1,Y2,Y3의 그래프가 그려지지 않게 설정

② 함수식 입력

Y4=cos ALPHA B [X,θ,T],

[B=1, 2, 3] [EXE]

③ 그래프 그리기

[F6](Draw)

**[질문]** $y = \cos x$, $y = \cos 2x$, $y = \cos 3x$ 의 그래프를 관찰하여 물음에 답해 봅시다.

**(7)** 그래프의 공통점과 차이점을 말해 봅시다.

공통점: ______________________________

______________________________

______________________________

차이점: ______________________________

______________________________

______________________________

**(8)** 각 그래프에서 대칭성(좌표축에 대한 대칭, 원점에 대한 대칭 등)을 발견할 수 있습니까?

______________________________

______________________________

______________________________

**(9)** 각 그래프가 $x$축과 만나는 점의 $x$좌표는 얼마입니까?

______________________________

______________________________

______________________________

☆ trace 기능(Shift TRACE ◀/▶/▲/▼를 사용하여 $x$좌표를 구할 수 있다.

**(10)** $y = \cos 4x$, $y = \cos \frac{1}{2}x$ 의 그래프 모양을 각각 예측해 봅시다.

______________________________

______________________________

______________________________

그래픽계산기로 그래프를 그려서 각자의 답을 확인해 봅시다.

① 그래프 창에서 나오기
EXIT

② 함수식 입력
Y5로 커서 이동,cos4 (X,θ,T) (EXE)
Y6로 커서 이동,cos(1÷2) (X,θ,T) (EXE)

③ 그래프 그리기
F6(Draw)

**[단계 4]** $y = \tan x$, $y = \tan 2x$, $y = \tan 3x$ **의 그래프를 그린다.**

① 함수식 입력 준비
Y4~Y6에서 F1(SEL)지정

기입력된 함수 Y4~Y6이 그려지지 않게 설명한다.

② 함수식 입력
Y7= tan ALPHA B (X,θ,T), [B=1, 2, 3] (EXE)

③ 그래프 그리기
F6(Draw)

**[질문]** $y = \tan x$, $y = \tan 2x$, $y = \tan 3x$ 의 그래프를 관찰하여 물음에 답해 봅시다.

(13) 그래프의 공통점과 차이점을 말해 봅시다.

공통점: ____________________________________________

____________________________________________

____________________________________________

차이점: ______________________________

______________________________

______________________________

**(14)** 각 그래프에서 대칭성(좌표축에 대한 대칭, 원점에 대한 대칭 등)을 발견할 수 있습니까?

______________________________

______________________________

**(15)** 각 그래프가 $x$축과 만나는 점의 $x$좌표는 얼마입니까?

______________________________

______________________________

☆ trace 기능(Shift TRACE ◀/▶/▲/▼를 사용하여 $x$좌표를 구할 수 있다.

**(16)** $y=\tan 4x$, $y=\tan \frac{1}{2}x$ 의 그래프 모양을 각각 예측해 봅시다.

______________________________

______________________________

그래픽계산기로 그래프를 그려서 각자의 답을 확인해 봅시다.

| |
|---|
| ① 그래프 창에서 나오기<br>EXIT<br>② 함수식 입력<br>Y8=tan 4 (X,θ,T) (EXE)<br>Y9=tan (1÷2) (X,θ,T) (EXE)<br>③ 그래프 그리기<br>F6(Draw) |

**[단계 5] [Dyna] 기능을 이용하여 $y=\sin Bx$ , $y=\cos Bx$ , $y=\tan Bx\,(B>0)$ 의 그래프를 차례로 관찰하여, 각 그래프에서 $B$의 역할을 탐색한다.**

① 메뉴선택

MENU 6(DYNA)

② 함수식 입력

Y1=sin ALPHA B (X,θ,T) (EXE)

(Y1=cos ALPHA B (X,θ,T) (EXE))

(Y1=tan ALPHA B (X,θ,T) (EXE))

※ Y1에 $y=\sin Bx$, $y=\cos Bx$, $y=\tan Bx$ 중 하나를 입력하여 각각의 그래프를 차례로 관찰한다.

③ 변수 B의 범위지정 (B=1, 2, 3, 4)

F4(VAR) B값에 1 입력

F2(Range) Start: 1 End: 4 Pitch: 1

④ 동영상 속도 조절

F3(SPEED) Stop&Go 선택 (EXE)

⑤ 그래프 그리기

F6(DYNA)

☆ 화면에 그려진 그래프의 B값이 화면 왼쪽 하단에 나타난다.
다음 그래프를 보려면 (EXE)를 누른다.

**[질문]** **(17)** $y=\sin Bx$ , $y=\cos Bx$ , $y=\tan Bx\,(B>0)$ 의 그래프에서 $B$의 값은 어떤 역할을 합니까?

$B$값이 클수록

**(18)** $y=\sin Bx$ , $y=\cos Bx$ , $y=\tan Bx\,(B\neq 0)$는 주기함수입니다. 주기는 각각 얼마입니까?

## 탐구 및 발전과제

**1.** 다음 그래프의 개형을 좌표평면에 그려 봅시다. 계산기를 사용하여 각자의 결과를 확인해 봅시다.

(1) $y=\sin 3x$

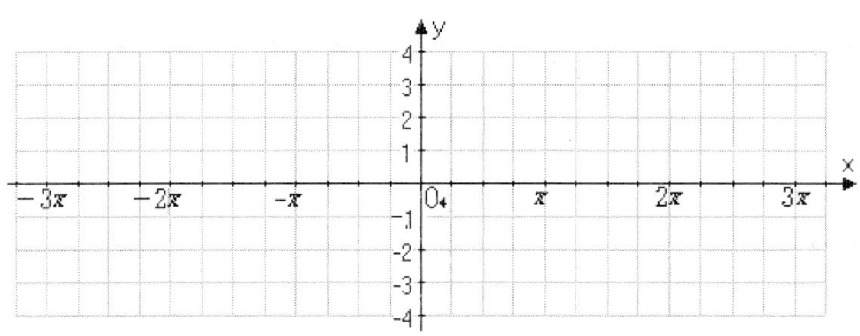


(2) $y=\sin 1.5x$

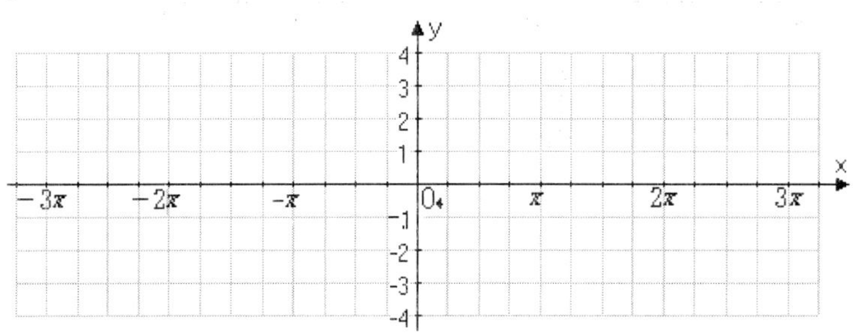

(3) $y = \cos 3x$

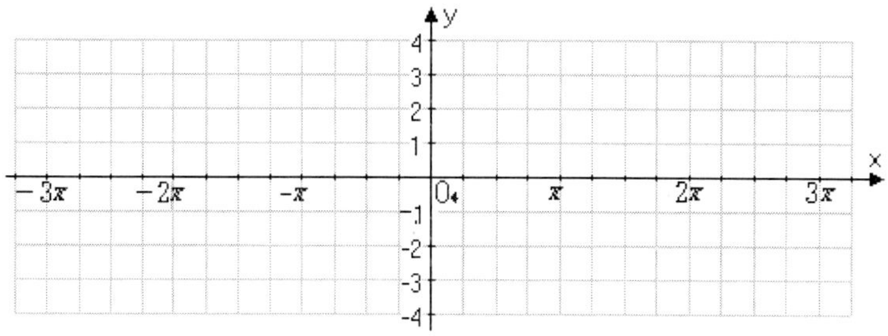

(4) $y = \cos \frac{7}{2}x$

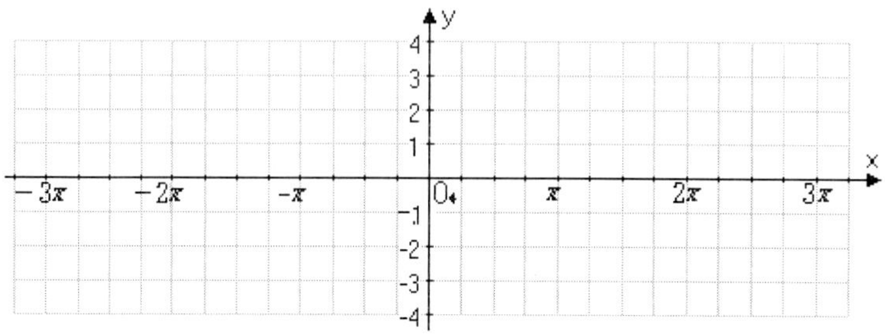

(5) $y = \tan 3x$

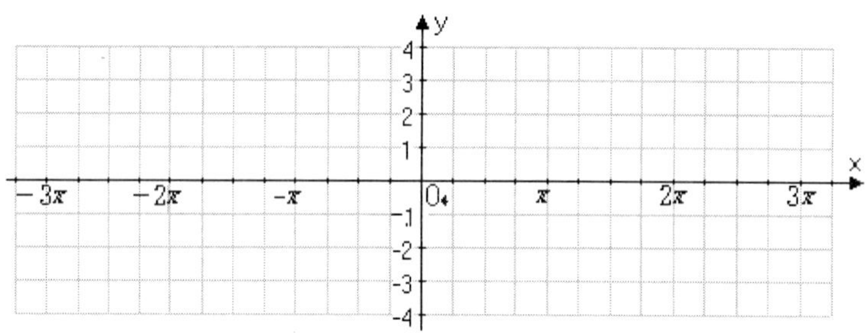

(6) $y = \tan 1.5x$

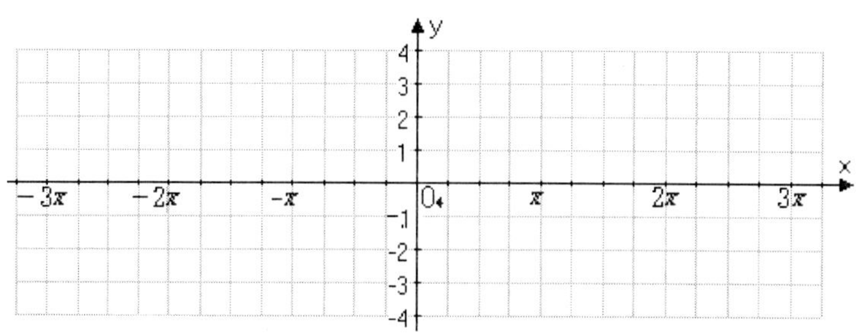

**2.** (1) $y = \sin(-x)$, $y = \sin(-2x)$의 그래프 개형을 좌표평면에 그려 보고, 계산기를 사용하여 각자의 결과를 확인해 봅시다.

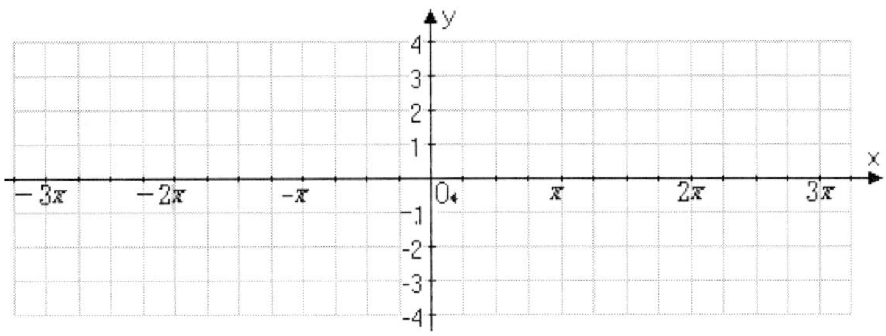


(2) $y = \sin(-x)$의 그래프의 특징을 $y = \sin x$의 그래프와 비교하여 말해 봅시다.

**3.** $y = \sin(-Bx)$, $(B > 0)$의 그래프의 특징을 말해 봅시다.

(1) $y = \sin Bx$의 그래프와의 관계:

(2) 주기, $y$ 값의 범위, 대칭성 등

**4.** (1) $y = \cos(-x)$, $y = \cos(-2x)$의 그래프 개형을 좌표평면에 그려 봅시다. 계산기를 사용하여 각자의 결과를 확인해 봅시다.

(2) $y = \cos(-x)$의 그래프의 특징을 $y = \cos x$의 그래프와 비교하여 말해 봅시다.

**5.** $y = \cos(-Bx)$, $(B > 0)$의 그래프의 특징을 말해 봅시다.

(1) $y = \cos Bx$의 그래프와의 관계

(2) 주기, $y$값의 범위, 대칭성 등

**6.** (1) $y=\tan(-x)$, $y=\tan(-2x)$의 그래프 개형을 좌표평면에 그려 봅시다. 계산기를 사용하여 각자의 결과를 확인해 봅시다.

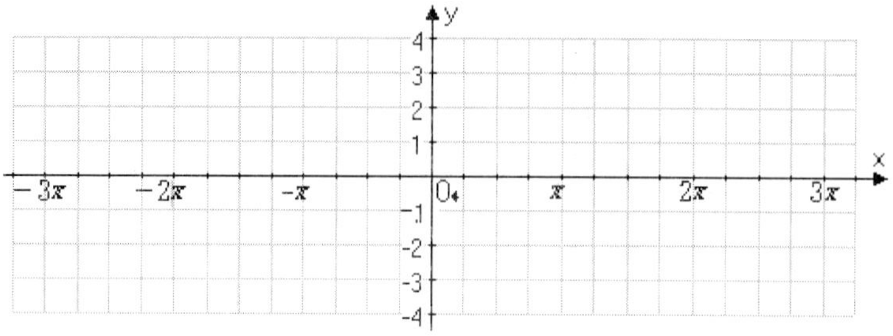


(2) $y=\tan(-x)$의 그래프의 특징을 $y=\tan x$의 그래프와 비교하여 말해 봅시다.

**7.** $y=\tan(-Bx)\,(B>0)$의 그래프의 특징을 말해 봅시다.

(1) $y=\tan Bx$의 그래프와의 관계

(2) 주기, $y$ 값의 범위, 대칭성 등

# 28 삼각함수 $y=A\cos Bx$, $y=A\cos Bx$, $y=A\tan Bx(B\neq 0)$의 그래프

**활동**

사인함수 $y=A\sin Bx$ , $y=A\cos Bx$ , $y=A\tan Bx$ $(B\neq 0)$의 그래프의 특징을 알아보고, 그래프에서 $B$의 역할을 탐색한다.

**[활동전개]**

(1) $y=A\sin Bx$ , $y=A\cos Bx$ , $y=A\tan Bx$ $(B\neq 0)$의 그래프의 특징을 조사한다.

(2) $y=A\sin Bx$ , $y=A\cos Bx$ , $y=A\tan Bx$ $(B\neq 0)$의 그래프에서 $A$ , $B$값과 그래프와의 관계를 탐구한다.

## [단계 1] 환경설정

① 매뉴선택

MENU 5(Graph)

② 그래프 화면설정

Shift F3(V-Window)

Xmin =-4$\pi$ , Xmax = 4$\pi$ ,

Xscale = $\pi/4$, Ymin = -4,

Ymax = 4, Yscale = 1

③ 각을 라디안(Radian)으로 설정

Shift SET-UP

▼를 사용하여 커서를 Angle로 이동

F2(Rad) EXE

**[단계 2]** $y = \sin x$, $y = 2\sin 2x$, $y = 3\sin 3x$ **의 그래프를 그린다.**

① 함수식 입력

Y1 =sin (X,θ,T)

Y2 =2 sin 2 (X,θ,T)

Y3 =3 sin 3 (X,θ,T)

② 그래프 그리기

[F6](Draw)

**[질문]** (1) $y = \sin x$의 그래프와 비교하여 두 그래프의 특징을 각각 관찰해 봅시다.

$y = 2\sin 2x$ 의 그래프:

$y = 3\sin 3x$의 그래프:

(2) 각 그래프에서 대칭성(좌표축에 대한 대칭, 원점에 대한 대칭 등)을 발견할 수 있습니까?

(3) 각 그래프가 $x$축과 만나는 점의 $x$좌표는 얼마입니까?

☆ trace 기능([Shift] TRACE ◀/▶/▲/▼를 사용하여 $x$좌표를 구할 수 있다.

**(4)** $y=3\sin 4x$, $y=4\sin\dfrac{1}{2}x$ 의 그래프 모양을 각각 예측해 봅시다.

---

---

그래픽계산기로 그래프를 그려서 각자의 답을 확인해 봅시다.

① 그래프 창에서 나오기

EXIT

② 함수식 입력

Y4=3 sin 4 [X,θ,T] [EXE]

Y5= 4 sin(1÷2) [X,θ,T] [EXE]

③ 그래프 그리기

[F6](Draw)

**[단계 3]** $y=\cos x$ , $y=2\cos 2x$ , $y=3\cos 3x$ **의 그래프를 그린다.**

① 함수식 입력

Y6= cos [X,θ,T]

Y7=2 cos 2 [X,θ,T]

Y8=3 cos 3 [X,θ,T]

② 그래프 그리기

[F6](Draw)

[질문] (5) $y=2\cos 2x$ , $y=3\cos 3x$ 의 그래프의 특징을 $y=\cos x$ 의 그래프와 비교하여 각각 서술해 봅시다.

$y=2\cos 2x$ 의 그래프:

$y=3\cos 3x$ 의 그래프:

(6) 각 그래프에서 대칭성(좌표축에 대한 대칭, 원점에 대한 대칭 등)을 발견할 수 있습니까?

(7) 각 그래프가 $x$축과 만나는 점의 $x$좌표는 각각 얼마입니까?

☆ trace 기능(Shift TRACE ◀/▶/▲/▼를 사용하여 $x$좌표를 구할 수 있다.

(8) $y=3\cos 4x$, $y=4\cos\frac{1}{2}x$ 의 그래프 모양을 각각 예측해 봅시다.

그래픽계산기로 그래프를 그려서 각자의 답을 확인해 봅시다.

① 그래프 창에서 나오기

EXIT

② 함수식 입력

Y9로 커서 이동, 3 cos 4 (X,θ,T) (EXE)

Y10로 커서 이동, 4 cos (1÷2) (X,θ,T) (EXE)

③ 그래프 그리기

F6(Draw)

**[단계 4] $y=\tan x$, $y=2\tan 2x$, $y=3\tan 3x$ 의 그래프를 그린다.**

① 함수식 입력 준비

▲/▼를 사용하여 함수식을 입력할

위치로 이동

F3(TYPE) F1(Y=)

② 함수식 입력

Y11 = tan (X,θ,T)

Y12 = 2 tan 2 (X,θ,T)

Y13 = 3 tan 3 (X,θ,T)

③ 그래프 그리기

F6(Draw)

**[질문]** (9) 그래프의 공통점과 차이점을 말해 봅시다.

공통점: ______________________________

______________________________

______________________________

차이점: ______________________________

______________________________

______________________________

(10) 각 그래프에서 대칭성(좌표축에 대한 대칭, 원점에 대한 대칭 등)을 발견할 수 있습니까?

______________________________

______________________________

______________________________

(11) 각 그래프가 $x$축과 만나는 점의 $x$좌표는 얼마입니까?

______________________________

______________________________

☆ trace 기능(Shift TRACE ◀/▶/▲/▼를 사용하여 $x$좌표를 구할 수 있다.

(12) $y = 3\tan 4x$, $y = 4\tan\frac{1}{2}x$ 의 그래프 모양을 각각 예측해봅시다.

______________________________

______________________________

______________________________

그래픽 계산기로 각자의 답을 확인해 봅시다.

① 그래프 창에서 나오기

EXIT

② 함수식 입력

Y14 = 3 tan 4 [X,θ,T] [EXE]

Y15 = 4 tan (1÷2) [X,θ,T] [EXE]

③ 그래프 그리기

[F6](Draw)

**[단계 5] [Dyna] 기능을 이용하여 $y = A\sin Bx$, $y = A\cos Bx$, $y = A\tan Bx$, $(B > 0)$ 의 그래프를 그리고 그래프에서 $A$, $B$의 역할을 탐색한다.**

① 메뉴선택

MENU 6(DYNA)

② 함수식 입력 준비

Y1-Y15에 입력된 함수식이 있으면, 모두 삭제한다. ▼를 사용하여 커서를 각 식으로 이동, [F2](Del) [F1](Yes)

③ 함수식 입력※

Y1= ALPHA A sin ALPHA B [X,θ,T] [EXE]

(Y1= ALPHA A cos ALPHA B [X,θ,T] [EXE])

(Y1= ALPHA A tan ALPHA B [X,θ,T] [EXE])

Y1에 하나씩 식을 입력하여 그래프를 차례로 관찰한다.

④ A의 범위 지정(A=1, 2, 3, 4)

[F4](VAR) A값에 1 입력

[F2](Range) Start: 1 End: 4 Pitch: 1

⑤ B의 범위 지정(B=1, 2, 3, 4)

F4(VAR) B값에 1 입력

F2(Range) Start: 1 End: 4 Pitch: 1

⑥ 동영상 속도 조절

F3(SPEED) Stop&Go 선택 EXE

⑦ 그래프 그리기

F6(DYNA)

☆ 화면에 그려진 그래프의 B값이 화면 왼쪽 하단에 나타난다.
다음 그래프를 보려면 EXE를 누른다.
☆ 변수 값을 다시 지정하려면, ACEXIT A(또는 B) 이동F1(SEL)

**[질문]** **(13)** $y = A\sin Bx$, $y = A\cos Bx$, $y = A\tan Bx$ $(A > 0,\ B > 0)$의 그래프에서 $A$, $B$의 값은 어떤 역할을 합니까?

$A$ 값이 클수록

..............................

______________________________

$B$값이 클수록

..............................

______________________________

**(14)** $y = A\sin Bx$, $y = A\cos Bx$, $y = A\tan Bx$ $(B \neq 0)$은 주기함수입니다. 주기는 각각 얼마입니까?

$y = A\sin Bx$ ______________________________

$y = A\cos Bx$ ______________________________

$y = A\tan Bx$ ______________________________

## 탐구 및 발전과제

**1.** 다음 그래프들의 개형을 좌표평면에 그려 봅시다. 계산기를 사용하여 각자의 결과를 확인해 봅시다.

(1) $y=2\sin 3x$

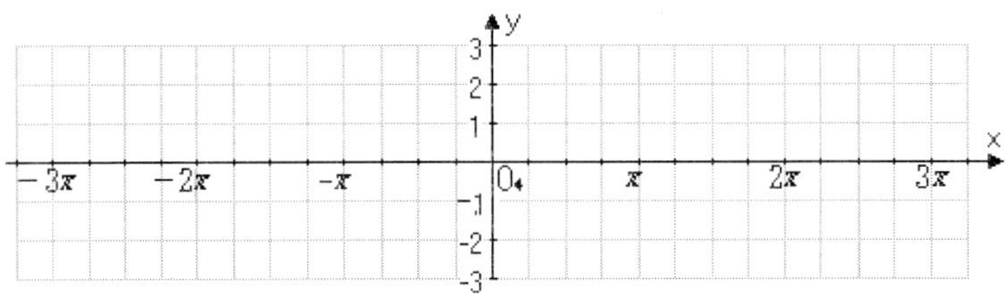


(2) $y=\dfrac{3}{2}\sin 1.5x$

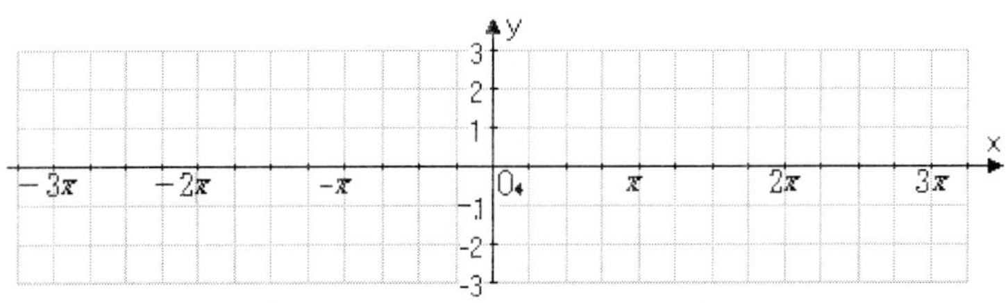


(3) $y=2\cos 3x$

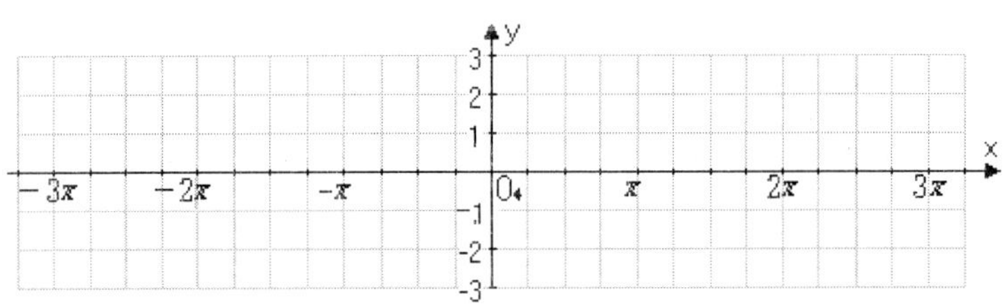


(4) $y=\dfrac{3}{2}\cos 1.5x$

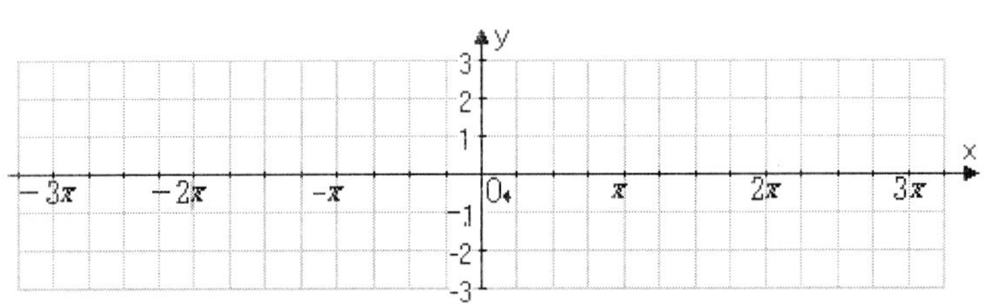

(5) $y = 2\tan 3x$

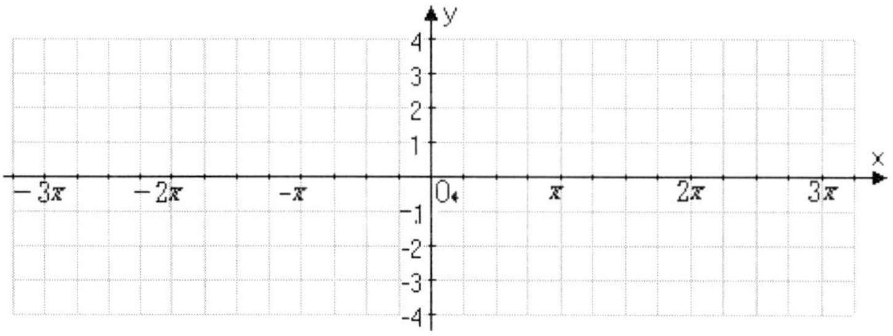

(6) $y = \frac{1}{2}\tan 1.5x$

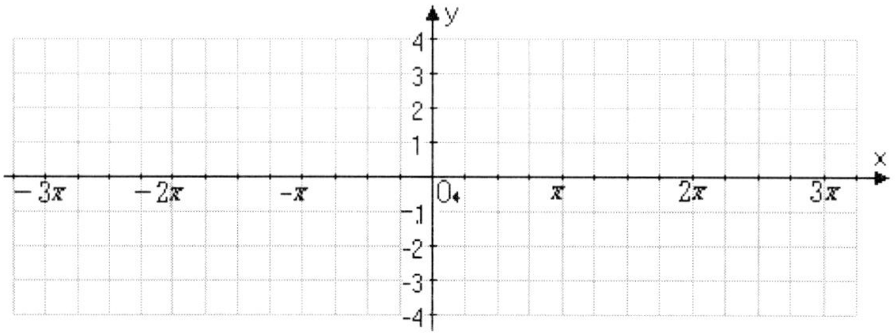

**2.** $y = -\sin(-x)$, $y = -2\sin(-2x)$ 의 그래프 개형을 좌표평면에 그려 보고, 계산기를 사용하여 각자의 결과를 확인해 봅시다.

$y = -\sin(-x)$ 의 그래프의 특징을 $y = \sin x$ 의 그래프와 비교하여 말해 봅시다.

**3.** $y = -A\sin(-Bx)$, $(A > 0, B > 0)$ 의 그래프의 특징을 말해 봅시다.

(1) $y = A\sin Bx$ 의 그래프와의 관계

(2) 주기, $y$ 값의 범위, 대칭성 등

**4.** $y = -\cos(-x)$, $y = -2\cos(-2x)$ 의 그래프 개형을 좌표평면에 그려 봅시다. 계산기를 사용하여 각자의 결과를 확인해 봅시다.

$y = -\cos(-x)$의 그래프의 특징을 $y = \cos x$의 그래프와 비교하여 말해 봅시다.

**5.** $y = -A\cos(-Bx)$, $(A > 0,\ B > 0)$의 그래프의 특징을 말해 봅시다.

(1) $y = A\cos Bx$ 의 그래프와의 관계

(2) 주기, $y$ 값의 범위, 대칭성 등

**6.** $y = -\tan(-x)$, $y = -2\tan(-2x)$ 의 그래프 개형을 좌표평면에 그려 봅시다.

그래픽계산기를 사용하여 각자의 결과를 확인해 봅시다.

$y = -\tan(-x)$의 그래프의 특징을 $y = \tan x$의 그래프와 비교하여 말해 봅시다.

**7.** $y = -A\tan(-Bx)$, $(A > 0,\ B > 0)$의 그래프의 특징을 말해봅시다.

(1) $y = A\tan Bx$의 그래프와의 관계

(2) 주기, $y$값의 범위, 대칭성 등

**8.** 다음은 삼각함수의 그래프입니다. 다음 각 그래프의 주기와 진폭을 각각 써 봅시다. (단, $x$축의 각 눈금은 $\frac{\pi}{4}$이고, $y$축의 각 눈금은 1을 나타냅니다.)

(1)

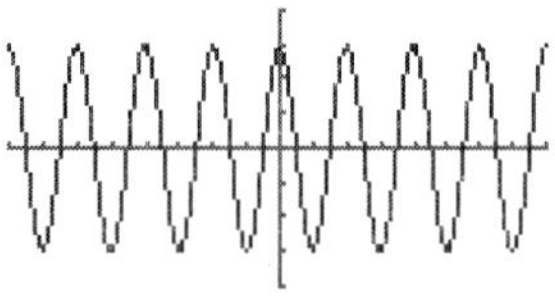

주기 ____________

진폭 ____________

(2)

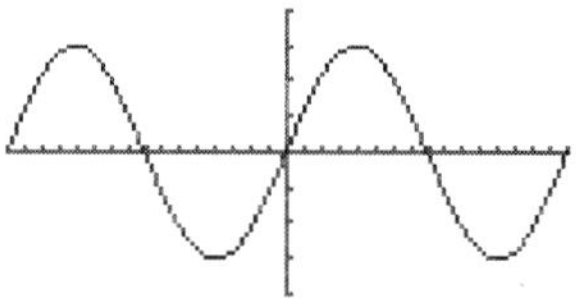

주기 ____________

진폭 ____________

(3)

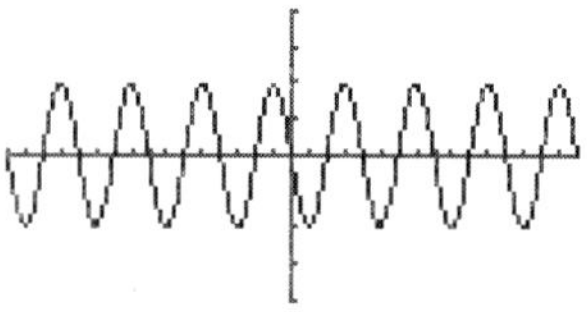

주기 ____________

진폭 ____________

위의 각 그래프의 함수식은 무엇입니까?

(1) ______________________________

(2) ______________________________

(3) ______________________________

# 29 삼각함수의 평행이동

**활동**

삼각함수

$y = A\sin B(x-C)$, $y = A\cos B(x-C)$,

$y = A\tan B(x-C)$의 그래프의 특징을 알아보고,

$y = A\sin B(x-C)$, $y = A\cos B(x-C)$,

$y = A\tan B(x-C)$ 의

그래프에서 $A$, $B$, $C$의 역할을 탐색한다.

**[활동전개]**

(1) $y = A\sin B(x-C)$, $y = A\cos B(x-C)$, $y = A\tan B(x-C)$ 의 그래프의 특징을 조사한다.

(2) $y = A\sin B(x-C)$, $y = A\cos B(x-C)$, $y = A\tan B(x-C)$의 그래프에서 $A$, $B$, $C$값과 그래프와의 관계를 탐구한다.

## [단계 1] 환경설정

① 메뉴선택

MENU 6(DYNA)

② 그래프 화면설정

[Shift] [F3](V-Window)

Xmin =$-4\pi$, Xmax = $4\pi$,

Xscale = $\pi/4$, Ymin = $-4$,

Ymax = 4, Yscale = 1

③ 각을 라디안(Radian)으로 설정

[Shift] SET-UP

▼를 사용하여 커서를 Angle로

이동 [F2](Rad) [EXE]

**[단계 2]** $A=1$ **,** $B=1$ **일 때, 삼각함수** $y=A\sin B(x-C)$**의 그래프를 그려 보자.**

① 함수식

Y1= ALPHA A sin ALPHA B

([X,θ,T] -C)

② A, B 값을 1로 지정

[F4](VAR) A=1 [EXE] B=1 [EXE]

③ C의 범위지정

C로 커서 이동 [F1](SEL)

[F2](Range) Start: 1 End: 4 Pitch: 1

④ 동영상 속도 조절

[F3](SPEED) Stop&Go 선택 [EXE]

⑤ 그래프 그리기

[F6](DYNA)

☆ 화면에 그려진 그래프의 B값이 화면 왼쪽 하단에 나타난다. 다음 그래프를 보려면 [EXE]를 누른다.
☆ 변수값을 다시 지정하려면, AC/ON EXIT A(또는 B)이동 [F1](SEL)

**[단계 3]** $A=2$, $B=0.5$ **일 때 삼각함수** $y=A\sin B\ (x-C)$ **의 그래프를 그려 보자.**

① 변수 범위를 지정하는
화면으로 이동
AC EXIT

② A, B 값을 지정
F4(VAR)
A로 커서 이동 2 EXE
B로 커서 이동 0.5 EXE

③ C의 범위지정
C로 커서 이동 F1(SEL)
F2(Range) Start: 1 End: 4 Pitch: 1

④ 그래프 그리기
F6(DYNA)

**[단계 4]** $A$, $B$ **의 값이 임의의 다른 값일 때, 삼각함수** $y=A\sin B\ (x-C)$ **의 그래프를 그려 보자.**

☆ 단계 2 또는 단계 3의 과정 참조.

**[질문] (1)** $y=A\sin B(x-C)$의 그래프에서 $A$, $B$, $C$의 값은 어떤 역할을 합니까?

$A$ 값이 클수록

$B$ 값이 클수록

$C$의 역할

(2) $y = A\sin B(x-C)$는 함숫값이 일정한 간격으로 되풀이되는 주기함수입니다. 이 함수의 주기는 얼마입니까?

**[단계 5] $A=1$, $B=1$일 때 삼각함수 $y = A\cos B(x-C)$의 그래프를 그려 보자.**

① 함수식 입력

Y1= ALPHA A cos ALPHA B ([X,θ,T] −C)

② A, B 값을 1로 지정

[F4](VAR) A= 1 [EXE] B= 1 [EXE]

③ C의 범위지정

C로 커서를 이동하고 [F1](SEL)

[F2](Range) Start: 1 End: 4 Pitch: 1

④ 동영상 속도 조절

[F3](SPEED) Stop&Go 선택 [EXE]

⑤ 그래프 그리기

[F6](DYNA)

☆ 화면에 그려진 그래프의 B값이 화면 왼쪽 하단에 나타난다.
다음 그래프를 보려면 [EXE]를 누른다.

**[단계 6] $A=2$, $B=0.5$일 때 삼각함수 $y=A\cos B\ (x-C)$의 그래프를 그려 보자.**

① 변수 범위를 지정하는
화면으로 이동
AC EXIT

② A, B 값을 지정
F4(VAR) A=2 EXE B=0.5 EXE

③ C의 범위지정
C로 커서 이동 F1(SEL)
F2(Range) Start: 1 End: 4 Pitch: 1

④ 그래프 그리기
F6(DYNA)

**[단계 7] $A$, $B$의 값이 임의의 다른 값일 때, 삼각함수 $y=A\cos B(x-C)$의 그래프를 그려보자.**

☆ 단계 5의 ③에서 A, 또는 B를 선택하여 범위를 지정하면 된다.
☆ 변수를 A, 또는 B로지정하려면, AC EXIT커서를 A(또는 B)로 이동 F1(SEL)

**[질문] (3)** $y=A\cos B\ (x-C)$의 그래프에서 $A$, $B$, $C$의 값은 어떤 역할을 합니까?

$A$ 값이 클수록

$B$값이 클수록

$C$의 역할

(4) $y = A\cos B\ (x - C)$의 주기는 얼마입니까?

**[단계 8] $A = 1$, $B = 1$일 때 삼각함수 $y = A\tan B\ (x - C)$의 그래프를 그려 보자.**

① 함수식 입력

Y= ALPHA A tan ALPHA B ((X,θ,T) −C)

② A, B 값을 1로 지정

[F4](VAR) A=1 (EXE) B= 1 (EXE)

③ C의 범위지정

C로 커서 이동 [F1](SEL)

[F2](Range) Start: 1 End: 4 Pitch: 1

④ 동영상 속도 조절 및 그래프 그리기

[F3](SPEED) Stop&Go 선택 (EXE) (EXE)

☆ 화면에 그려진 그래프의 B값이 화면 왼쪽 하단에 나타난다.
다음 그래프를 보려면 (EXE)를 누른다.

☆ 변수를 A(또는 B)로 지정하려면, AC EXIT A(또는 B)이동 [F1](SEL)

**[단계 9]** $A=2$, $B=0.5$ **일 때 삼각함수** $y=A\tan B\ (x-C)$**의 그래프를 그려 보자.**

① 변수 범위를 지정하는
화면으로 이동
AC EXIT

② A, B 값을 지정
F4(VAR) A=2 EXE B=0.5 EXE

③ C의 범위지정
C로 커서 이동 F1(SEL)
F2(Range) Start: 1 End: 4 Pitch: 1

④ 그래프 그리기
F6(DYNA)

**[단계 10]** $A$, $B$**의 값이 임의의 다른 값일 때 삼각함수** $y=A\tan B\ (x-C)$**의 그래프를 그려 보자.**(☆ 단계 8 참조.)

**[질문] (5)** $y=A\tan B\ (x-C)$의 그래프에서 $A$, $B$, $C$의 값은 어떤 역할을 합니까?

$A$ 값이 클수록

---

$B$값이 클수록

---

$C$의 역할

---

(6) $y = A\tan B(x - C)$ 의 주기는 얼마입니까?

## 탐구 및 발전과제

1. 다음 그래프의 개형을 좌표평면에 그려 봅시다. 계산기를 사용하여 각자의 결과를 확인해 봅시다.

(1) $y = 3\sin\left(x - \dfrac{\pi}{4}\right)$

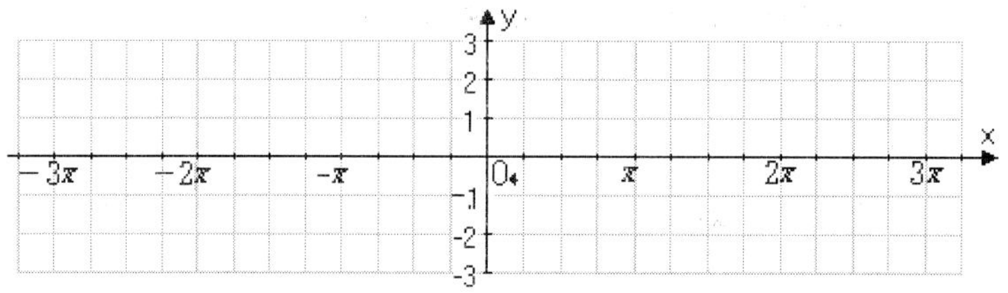


(2) $y = 3\cos\left(x - \dfrac{\pi}{4}\right)$

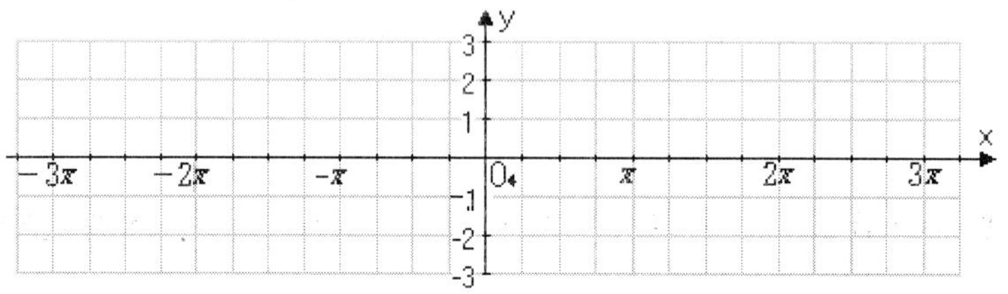


(3) $y = 2\sin 0.2\left(x + \dfrac{\pi}{3}\right)$

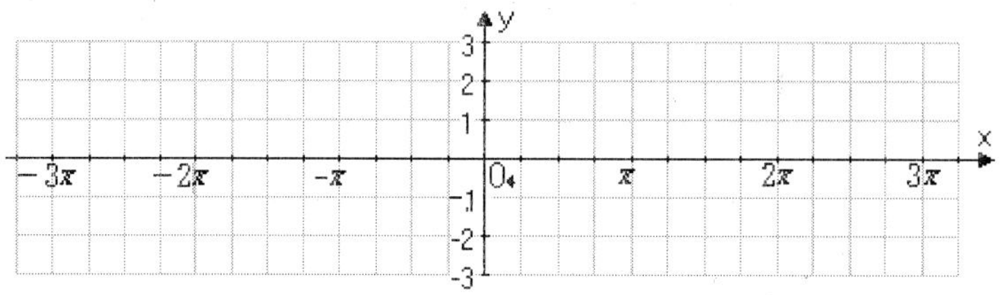

(4) $y = 2\cos 0.2\left(x + \frac{\pi}{3}\right)$

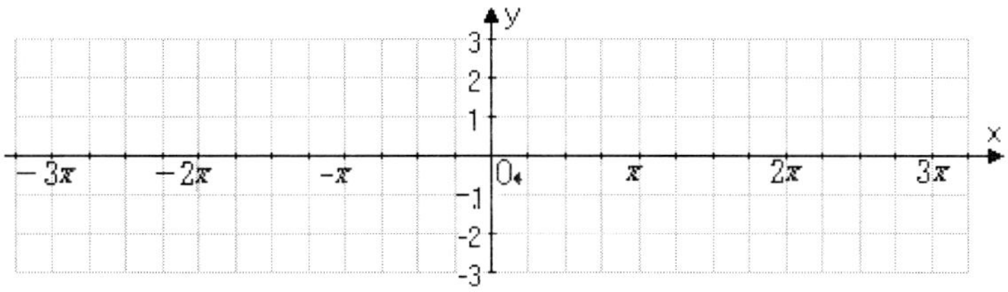

(5) $y = 2\tan\left(x - \frac{\pi}{4}\right)$

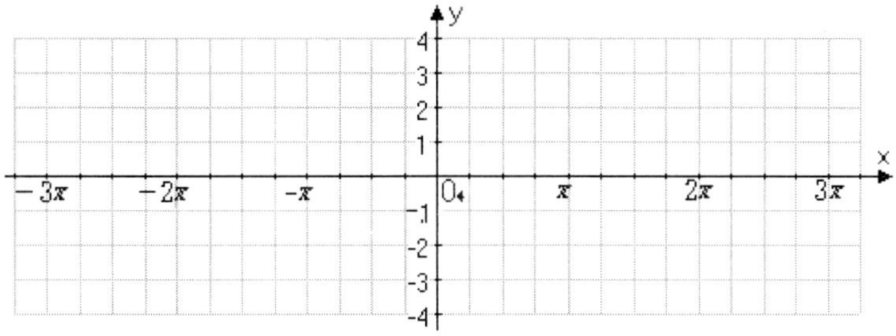

(6) $y = 0.5\tan 2\left(x + \frac{\pi}{3}\right)$

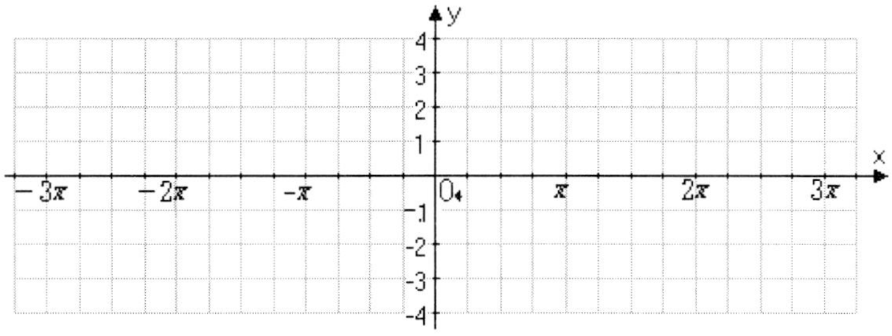

# 제6장

# 응용

# 30 매일 일당을 올려 줍니다!

활동

알코코 햄버거 가게에 아르바이트 학생을 구한다고 한다. 근무 조건은 다른 가게와 차이가 없는데, 수학을 좋아하는 가게 주인은 하루 일당*을 다음과 같이 매일 조금씩 올려 준다는 광고를 붙였다.

!!! 알코코 가게는 매일 일당을 올려 줍니다!!!

제 1 일 $(1+\frac{1}{1})^1$만원

제 2 일 $(1+\frac{1}{2})^2$만원

제 3 일 $(1+\frac{1}{3})^3$만원

제 4 일 $(1+\frac{1}{4})^4$ 만원

⋮ ⋮

제 10 일 $\left(1+\frac{1}{10}\right)^{10}$ 만원

⋮ ⋮

알코코 가게에 근무할 동안 언제까지든지
계속하여 날마다 일당을 올려 지급합니다.
자, 지금 서둘러 신청하세요!!

**[활동전개]**

(1) 알코코 가게가 매일 일당을 올려 준다는 광고가 과연 사실인가?

(2) 캠쿠쿠 가게에서 아르바이트를 하는 민희는 현재 하루에 27,400원씩 받고 있다. 민희는 앞으로 3년간 계속 아르바이트를 할 생각이다. 그래서 처음에는 비록 일당이 적지만 매일 일당을 올려 준다는 알코코 가게로 아르바이트 자리를 옮겨야 할 것인가를 고민하고 있다. 민희에게 어떻게 결정하도록 권하겠는가? 어떤 근거로 내린 판단인가?

* (참고) 일당이란 하루 동안 일한 대가로 지급하는 급여를 말한다.

## 탐구 및 발전과제

**1.** 알코코 가게에서 근무 일수에 따라 지급하는 일당을 다음과 같이 표로 만들어 봅시다.

☆ 그래픽계산기의 [TABLE] 기능과 분할화면을 이용하여 $\left(1+\frac{1}{x}\right)^n$ $(x=1,\ 2,\ 3,\ \cdots)$의 값을 구한다.

① MENU TABLE(7)

② [Shift] SET UP

Dual Screen:

[F1](T+G) [EXE]

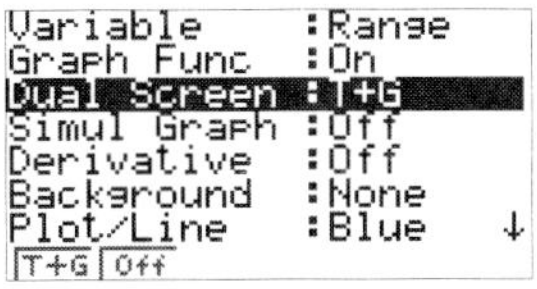


③ Y1= $(1+\frac{1}{x})^x$

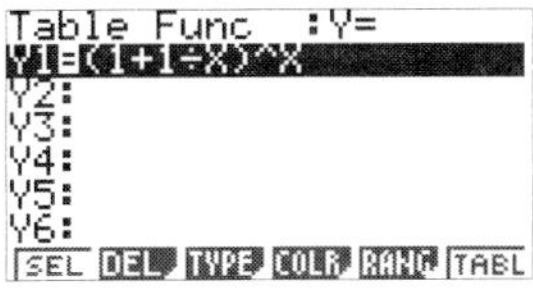


④ x의 범위/간격 설정

[F5](RANG)

[EXE]

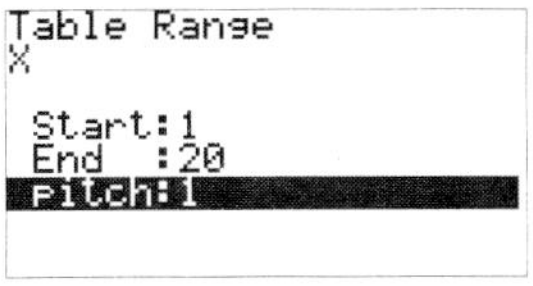


⑤ 표만들기

[F6](TABL)

| 근무일수 | 하루 일당 (단위:만원) |
|---|---|
| $x$ | $\left(1+\frac{1}{x}\right)^x$ |
| 1 | |
| 2 | |
| 3 | |
| 4 | |
| 5 | |
| 6 | |
| 7 | |
| 8 | |
| 9 | |
| 10 | |
| 11 | |
| 12 | |

위 표의 빈 칸을 채우고, 표를 근거로 다음에 답하세요.
근무 일수가 많아질수록 일당이 계속 증가합니까? ($x$의 값을 충분히 크게 하여 각자의 답을 확인해 봅시다.)

※ 아르바이트 일당이 계속 증가하는가를 판단할 수 있는 다른 방법이 있습니까? 만일 있다면 그 방법을 말하고, 그 방법에 따라서 일당이 계속 증가하는지 여부를 판단해 봅시다.

2. 민희는 현재의 아르바이트를 그만 두고 알코코 가게로 옮겨야 할까요? 이 문제에 대한 판단을 내리기 위하여 어떤 방법을 사용할 수 있겠습니까?

(알코코 가게에서는 일당을 10원 이하는 올림하여 10원 단위까지 지급한다.) 알코코 가게로 아르바이트 장소를 옮긴다고 할 때, 민희가 받게 될 최고 일당은 얼마입니까? 최고 일당은 어떻게 계산한 것입니까?

※ 지금까지의 활동을 근거로 하여 민희에게 도움이 될 수 있는 편지를 써 봅시다 (편지의 내용은 아르바이트 자리를 옮겨야 할지의 여부와 왜 그렇게 해야 하는지를 설명하는 것이어야 합니다).

**민희에게**

민희야! 내 생각에는

# 31 이상한 함수

**활동**

함수 $y=\left(1+\dfrac{1}{x}\right)^x$ $(x=1,\ 2,\ 3,\ \cdots,\ 100,\ \cdots)$을 조사해 봅시다.

**[단계 1]** $y=\left(1+\dfrac{1}{x}\right)^x$ $(x=1,\ 2,\ 3,\ \cdots,\ 100,\ \cdots)$**의 값을 대응표로 만들고 그래프를 그린다.**

① MENU TABLE(7)

② Shift SET UP

Dual Screen

F1(T+G) EXE

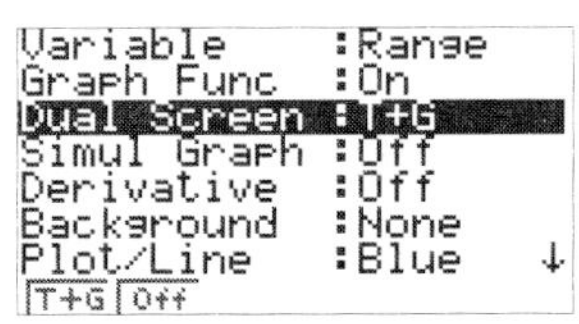


화면이등분

Shift V-Window

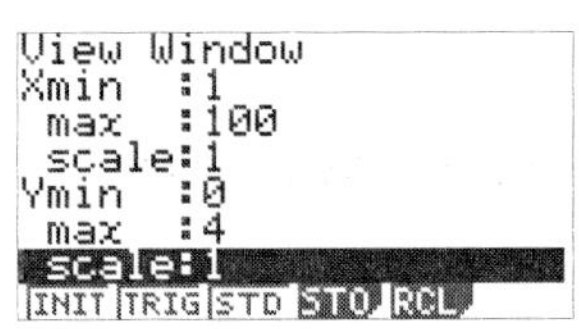


③ Y1= $\left(1+\dfrac{1}{x}\right)^x$

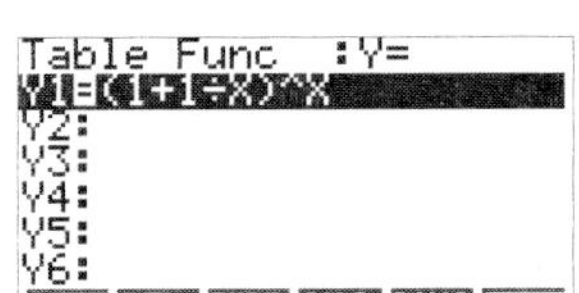


④ F5(RANG)

EXE

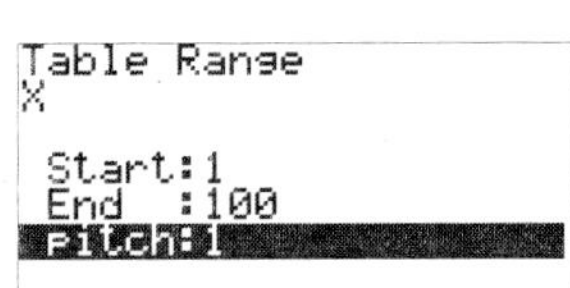


x의 범위/간격설정)

x=1, 2, 3, ⋯, 99, 100

⑤ F6(TABL) F5(G-PLT)

표 만들기/ 그래프 그리기

[질문] (1) 다음은 $y=\left(1+\frac{1}{x}\right)^x$ $(x=1, 2, 3, 4, \cdots, 100)$의 대응표의 일부입니다. 표를 채워봅시다.

| $x$ | 1 | 2 | 3 | 4 | 5 | 10 | 20 | 50 | 100 |
|---|---|---|---|---|---|---|---|---|---|
| $y$ | | | | | | | | | |

☆ 대응표에서 Y값을 찾거나, [추적(Trace)] 기능(F1 (Trace) ◀/▶)을 사용해서 그래프의 각 점의 X와 Y값을 살펴볼 수도 있다.

(2) $x=100, 200, 300, \cdots, 900, 1000$ 일 때 $y=\left(1+\frac{1}{x}\right)^x$ 의 값이 각각 얼마인지 다음의 대응표를 완성해 봅시다.

| $x$ | 100 | 200 | 300 | 400 | 500 | 600 | 700 | 800 | 900 | 1000 |
|---|---|---|---|---|---|---|---|---|---|---|
| $y$ | | | | | | | | | | |

그래프창(V-Windows)과 $x$ 의 범위(Range)를 재조정하여 표와 그래프를 그린다.

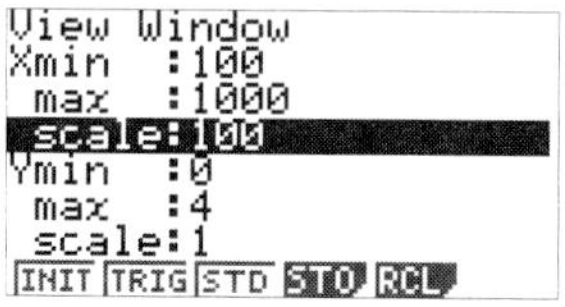


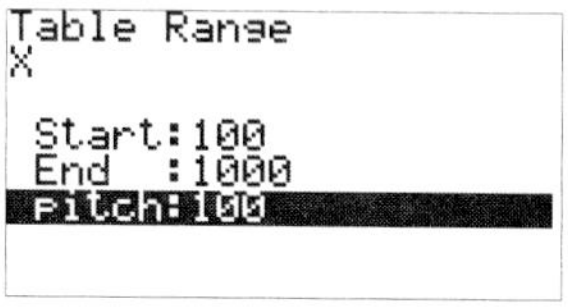


(3) $y=\left(1+\frac{1}{x}\right)^x$ $(x>0, x$는 정수)에 대하여 (1), (2)에서 각자 발견한 사실을 써 봅시다.

---

---

---

※ 함수 $y=\left(1+\dfrac{1}{x}\right)^{x}(x>0)$은 $x$가 커질수록 $y$값도 커집니다. 그러면 $x$값이 매우 커지면 $y$값이 3이 되는 경우도 있을까요? 어떻게 이것을 확인할 수 있겠습니까?

________________________________________

________________________________________

**[단계 2] 그래프 $y=\left(1+\dfrac{1}{x}\right)^{x}(x>0,\ x$는 실수)와 그래프 $y=3$의 교점을 찾아본다.**

① MENU 5(GRAPH)

② [Shift] V-Window

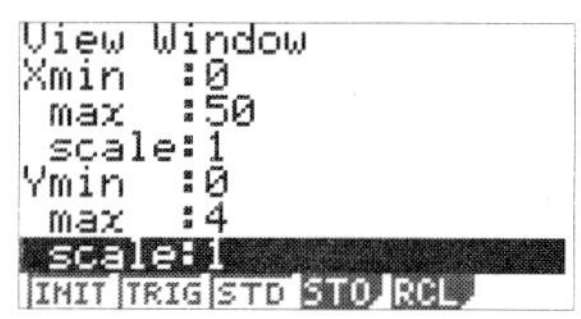


③ Y1= $(1+\dfrac{1}{x})^{x}$

Y2= 3

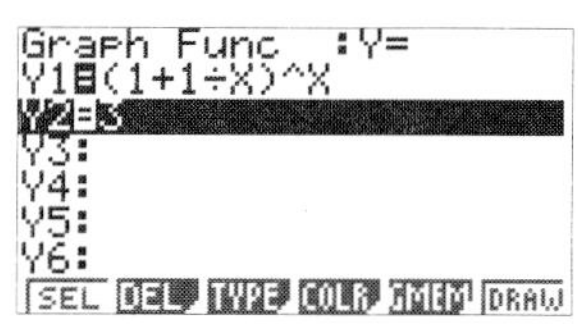


④ [F6](DRAW) — 그래프 그리기

⑤ [Shift] [F5](G−Solv)

[F5](ISCT: Intersection) — 교점 찾기
화면 우측상단의 ■표시가 사라질 때까지 기다린다.

**[질문]** (4) 그래프가 어떻게 그려졌습니까?

________________________________________

________________________________________

**(5)** 교점이 발견되었습니까?

(i) 만일 $y=\left(1+\frac{1}{x}\right)^x$ 와 $y=3$ 의 그래프에서 교점이 발견되었다면, 교점의 $x$ 좌표를 써 봅시다.

______________________________

______________________________

(ii) 만일 $y=\left(1+\frac{1}{x}\right)^x$ 와 $y=3$ 의 그래프에서 교점이 발견되지 않았다면, 이것으로부터 어떤 결론을 내릴 수 있는지 써 봅시다.

______________________________

______________________________

**(6)** Y2의 식을 Y2=2.8로 바꾸고 위의 (5)번 질문에 답해봅시다.

(즉, $y=\left(1+\frac{1}{x}\right)^x$ $(x>0)$과 $y=2.8$ 의 그래프를 그려 보고, 위의 질문에 답하여 봅시다.)

______________________________

______________________________

**(7)** 지금까지 살펴본 바에 의하면, $y=\left(1+\frac{1}{x}\right)^x$ $(x>0)$는 특별한 함수입니다. 밑줄친 부분을 채우세요.

- 항상 $y$는 양의 값을 가진다 (즉, $y>0$).
- $x$가 커지면, $y$도 계속 증가한다.
- $x$의 값이 클수록, $y$가 증가하는 양이 급격하게 작아진다.
- $y$값은 3과 비교할 때 ______________________________
- $y$값은 2.8과 비교할 때 ______________________________

______________________________

### e라는 이름의 특별한 수

$x$가 한없이 커질 때, $\left(1+\frac{1}{x}\right)^x$는 계속 증가하며 2와 3 사이에 있는 일정한 값에 한없이 가까워집니다.

그 일정한 값은 2.9나 2.8보다 작은 값이며 2.72보다도 작습니다.

$x$가 한없이 커질 때, $\left(1+\frac{1}{x}\right)^x$가 한없이 가까이 가는 그 값을 "e"라고 부릅니다.

e를 수학적으로 나타내면,

$$e=\lim_{x\to\infty}\left(1+\frac{1}{x}\right)^x$$

이고, 그 값은 무한소수 $e=2.71828182845904\cdots$이며 무리수임이 알려져 있습니다. $e$는 '수학자 오일러(Euler)가 사랑한 수'라는 별명을 갖고 있습니다.

[참고] 1. $e$를 $\lim_{x\to\infty}(1+\frac{1}{x})^x$ 대신에 $\lim_{x\to 0}(1+x)^{\frac{1}{x}}$로 정의하기도 합니다.

즉 $e=\lim_{x\to 0}(1+x)^{\frac{1}{x}}$

2. $\lim_{x\to\infty}\left(1+\frac{1}{x}\right)^x=\lim_{x\to 0+}(1+x)^{\frac{1}{x}}$ 이고, $\lim_{x\to 0+}(1+x)^{\frac{1}{x}}=\lim_{x\to 0-}(1+x)^{\frac{1}{x}}$ 임이 알려져 있습니다.

그러므로, $e$를 두 가지 중 어느 것으로 정의하여도 결국 같은 값을 나타내게 됩니다.

## 탐구 및 발전과제

1. 그래픽계산기를이용하여 $\lim_{x \to 0+}\left(1+\frac{1}{x}\right)^{x}$ 의 극한값을 예측해 봅시다.

2. $\lim_{n \to \infty}(1+n)^{\frac{1}{n}}$ 의 극한값 $y$를 미적분 기법을 활용하여 구해 봅시다.

   [힌트] $y=\lim_{x \to \infty}(1+x)^{\frac{1}{x}}$ 로 놓고, 양변에 로그를 취하여 극한값을 구한다.(로피탈의 정리 이용)

제7장

# 극좌표로 나타난 함수

32. 극좌표의 이해
33. $r = \cos\theta$의 그래프
34. $r = \cos b\theta$ ($b$는 정수)의 그래프

# 32 극좌표의 이해

**활동**

극좌표를 이해하고 간단한 극방정식을 그래프로 나타낸다.

**[활동전개]**

(1) 좌표가$(r, \theta)$인 점을 좌표평면에 나타낸다.

(2) $r=\theta$의 그래프를 그리고, 그 그래프의 특징을 관찰한다.

(3) $r=B$($B$는 정수)의 그래프를 그리고 그 그래프의 특징을 관찰한다.

극좌표로 나타난 점$P(r, \theta)$는 $x$축의 양의 방향을 기준으로 $\theta$ 방향으로 원점에서 $r$만큼 떨어진 점입니다.

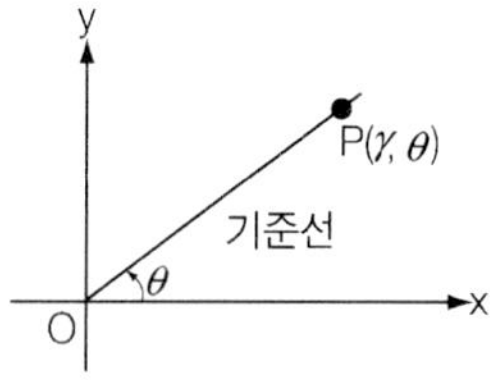


**[질문]** (1) 좌표평면에 그려진 다음 점들을 극좌표로 나타내 봅시다.

| 점 | $r$ | $\theta$ | 좌표$(r, \theta)$ |
|---|---|---|---|
| A | | | |
| B | | | |
| C | | | |
| D | | | |
| E | | | |

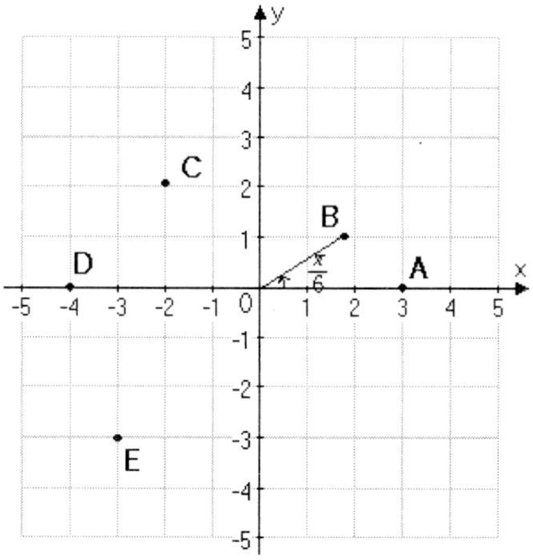

(2) 극좌표가 다음과 같은 점 P, Q, R, S, T를 좌표평면에 나타내 봅시다.

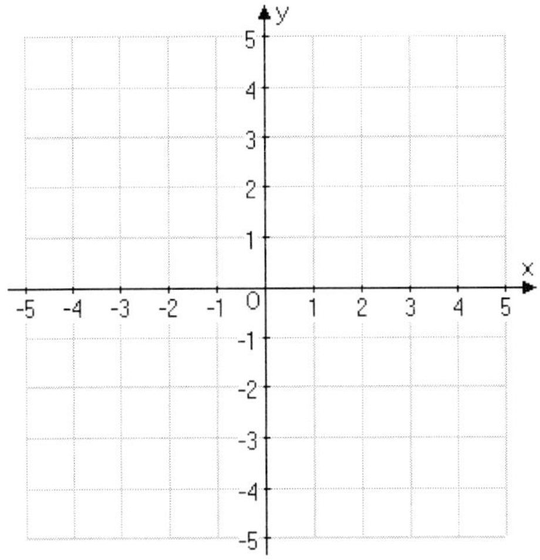

$P\left(3,\ \frac{\pi}{3}\right)$,

$Q(1,\ -\pi)$,

$R\left(-5,\ \frac{3\pi}{2}\right)$,

$S(0,\ 1)$,

$T\left(0,\ \frac{\pi}{2}\right)$,

(3) $r$가 음수($r<0$)일 때는 $|r|$만큼 $\theta$ 반대방향에 위치한 것입니다. 극좌표가 다음과 같은 점들을 좌표평면에 나타내 봅시다.

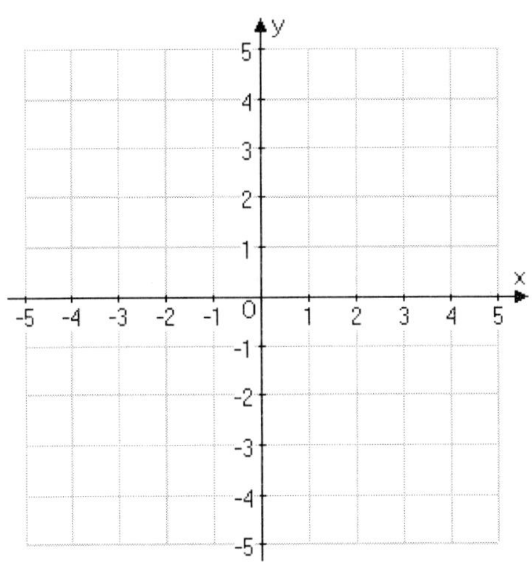

$A(-1,\ \pi)$,

$B\left(-2,\ \frac{\pi}{2}\right)$,

$C\left(2,\ -\frac{\pi}{2}\right)$,

$D\left(-3\sqrt{2},\ \frac{\pi}{4}\right)$

(4) 극좌표를 사용하여 같은 점을 다르게 표현하는 방법이 있습니까? 만일 있다면 질문 (1)번의 A, B, C, D, E의 좌표를 (1)번에서의 답과 다른 방법으로 나타내 보세요.

| 점 | A | B | C | D | E |
|---|---|---|---|---|---|
| 좌표$(r,\theta)$ | | | | | |

[단계 1] 극방정식 $r=\theta(0 \le \theta \le 2\pi)$의 그래프를 그리기 위하여 그래픽계산기의 환경을 다음과 같이 설정한다.

① 메뉴선택

MENU 7(TABLE)

② 환경설정

Shift SETUP

Daul Screen: F1( T+G)

▼Angle: F2(Rad) EXE

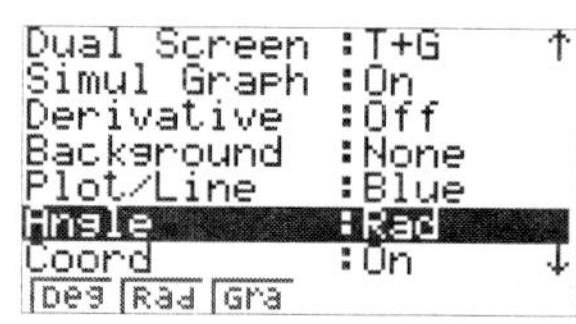


화면이등분 각도$(\theta)$를 라디안으로 나타내도록 설정한다.

③ 그래프 화면설정

Shift V-Window

Xmin: -7

Xmax: 7 Scale: 1

Ymin: -7

Ymax: 7 Scale: 1

▼ $T$, $\theta$ min: 0 max: $2\pi$

pitch: $\frac{\pi}{10}$

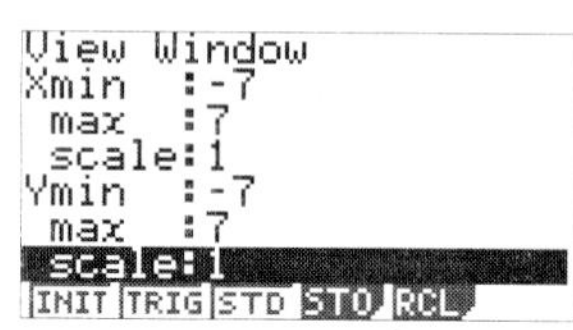


▼를 사용하여 X, Y, $\theta$의 범위를 차례로 지정한다.

EXE

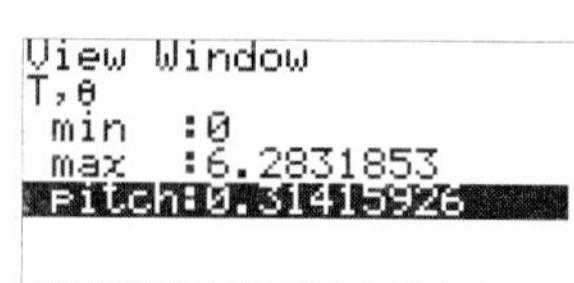


※ 계산기의 특성상 $\pi$로 입력한 것이 보통계산기 화면에는 소수로 나타난다.

**[단계 2]** $r=\theta\,(0 \le \theta \le 2\pi)$ **의 대응표를 그래픽계산기로 만든다.**

① 함수식 입력

F3(TYPE) F2(r=)

r1= cos X,θ,T EXE

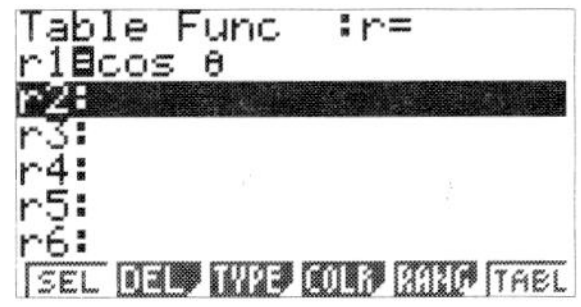


극좌표로 설정한다.

② 범위설정

F5(RANG)

Start: 0 End: $2\pi$ pitch: $\frac{\pi}{6}$

EXE

$0 \le \theta \le 2\pi$, $\frac{\pi}{6}$ 간격으로 설정

③ 대응표 만들기

F6(TABL)

**[질문] (5)** 그래픽계산기 오른쪽 화면에 나타난 표를 보고 다음 좌표평면에 $r=\theta$ $(0 \le \theta \le 2\pi)$ 의 그래프의 개형을 그려 봅시다.

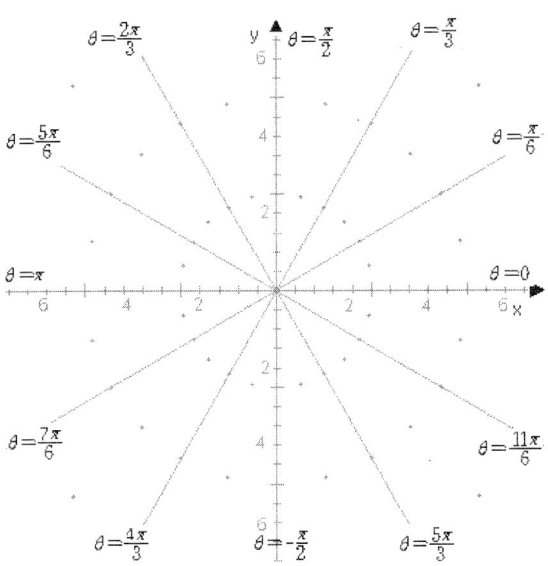


| $r$ | $\theta$ | 좌표$(r, \theta)$ |
|---|---|---|
| 0 | 0 | (0, 0) |
| $\frac{\pi}{6}(=0.523)$ | | |
| | | |
| | | |
| … | … | … |

[참고] ($\theta$ 는 라디안) 1(라디안)$=\frac{180°}{\pi} \fallingdotseq 57.3°$ $\frac{\pi}{6} \fallingdotseq 0.52359$

**[단계 3]** $r = \theta\ (0 \le \theta \le 2\pi)$ **의 그래프를 그래픽계산기에서 그려서 자신의 그래프와 비교한다.**

① 연속적으로 그래프 그리기
F6(G-PLT)

**[질문] (6)** 그래프가 자신이 그린 것과 일치합니까? 이 그래프에 대하여 발견한 것을 써 봅시다.

**(7)** $\theta$ 의 범위가 $0 \le \theta \le 4\pi$ 일 때, $r = \theta$ 의 그래프는 어떻게 그려지겠는지 예측해 봅시다.

## 탐구 및 발전과제

**1.** $r = A\theta$ ($A$는 상수)의 그래프에 대하여 탐구해 봅시다.

그래픽계산기를 활용하여 자신의 답이 옳은지 확인해 봅시다.

(1) $r = 2\theta\,(0 \le \theta \le 2\pi)$의 그래프는 어떻게 그려지겠습니까? 먼저 추측하여 그려 보고, 그래픽계산기로 확인해 봅시다. $r = 2\theta\,(0 \le \theta \le 2\pi)$의 그래프를 $r = \theta\,(0 \le \theta \le 2\pi)$의 그래프와 비교하여 서술해 봅시다.

$r = 2\theta\,(0 \le \theta \le 2\pi)$의 그래프

(2) $r = -\theta\,(0 \le \theta \le 2\pi)$의 그래프는 어떻게 그려지겠습니까? $r = \theta\,(0 \le \theta \le 2\pi)$의 그래프와 비교하여 서술해 봅시다.

$r = -\theta\,(0 \le \theta \le 2\pi)$의 그래프

(3) (1), (2)에서 $r = A\theta$ ($A$는 상수)의 그래프의 특징을 서술해 봅시다.

**2.** $r=A$ ($A$는 상수)의 그래프에 대하여 생각해 봅시다.

(1) $r=3\,(0\le\theta\le 2\pi)$의 그래프는 어떻게 그려지겠습니까? ([그래프] 기능을 이용하여 자신의 생각을 확인해 봅시다.)

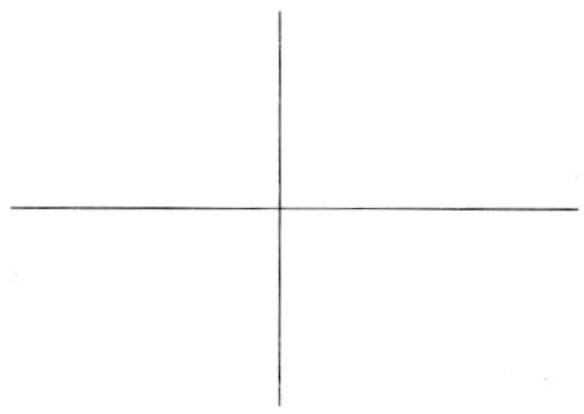

$r=3\,(0\le\theta\le 2\pi)$의 그래프

(2) $r=1\,(0\le\theta\le 2\pi)$의 그래프는 어떻게 그려지겠습니까? ([그래프] 기능을 이용하여 자신의 생각을 확인해 봅시다.)

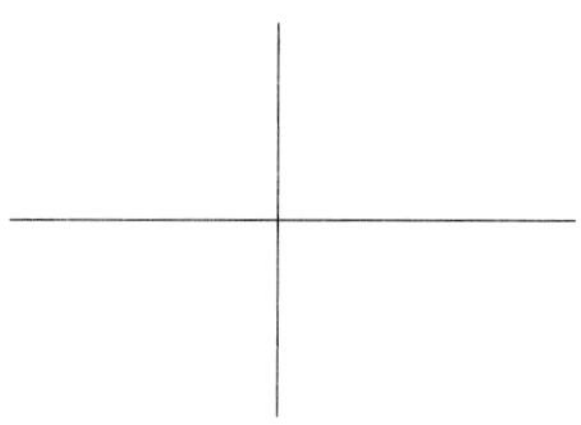

$r=1\,(0\le\theta\le 2\pi)$의 그래프

(3) $r=-3\,(0\le\theta\le 2\pi)$의 그래프는 어떻게 그려지겠습니까? ([그래프] 기능을 이용하여 자신의 생각이 옳은 지 확인해 봅시다.)

(4) $0\le\theta\le 2\pi$일 때, $r=A$ ($A$는 상수)의 그래프에 대하여 발견한 것을 써 봅시다.

# 33 $r=\cos\theta$의 그래프

활 동

극방정식 $r=\cos\theta$ 의 그래프를 그리고, 그 그래프의 특징을 탐구한다.

**[활동전개]**

(1) $r=\cos\theta$ 의 그래프를 그리고, 그 그래프의 특징을 관찰한다.

(2) $r=A\cos\theta$ 의 그래프에서 $A$ 의 부호와 크기에 따른 그래프의 변화를 탐구한다.

## [단계 1] 다음과 같이 환경을 설정한다.

① 메뉴선택

MENU 7(TABLE)

② 환경설정

[Shift] SETUP

[F1](Daul Screen: T+G)

▼ [F2](Angle: Rad)* (EXE)

③ 그래프 화면설정

[Shift] V-Window

Xmin: -2 Xmax: 2 Scale: 1

Ymin: -2 Ymax: 2 Scale: 1

▼ $T$, $\theta$ min: 0 max:$2\pi$ pitch:

$\frac{\pi}{10}$ (EXE)

* 각도($\theta$)를 라디안으로 설정한다.

**[단계 2] 극방정식 $r = \cos\theta \ (0 \le \theta \le 2\pi)$의 대응표를 만든다.**

① 함수식 입력

F3(TYPE) F2(r=)

r1= cos (X,θ,T) (EXE)

② 범위설정

F5(RANG)

Start: 0 End: $2\pi$ pitch: $\frac{\pi}{6}$ (EXE)

③ 대응표 만들기

F6(TABL)

**[질문] (1)** 그래픽계산기 오른쪽 화면에 나타난 표를 읽어 아래 대응표를 완성해 봅시다.

(참고 : 1(라디안) $\frac{180}{\pi} \fallingdotseq 57.3^\circ$, $\frac{6}{\pi}$ °0.52)

| $\theta$ | $r$ | $\theta$ | $r$ |
|---|---|---|---|
| 0 | | $\frac{7\pi}{6}$ (=3.6651) | |
| $\frac{\pi}{6}$ (=0.5235) | | $\frac{4\pi}{3}$ (=4.1887) | |
| $\frac{\pi}{3}$ (=1.0471) | | $\frac{3\pi}{2}$ (=4.7123) | |
| $\frac{\pi}{2}$ (=1.5707) | | $\frac{5\pi}{3}$ (=5.2359) | |
| $\frac{2\pi}{3}$ (=2.0943) | | $\frac{11\pi}{6}$ (=5.7595) | |
| $\frac{5\pi}{6}$ (=2.6179) | | $2\pi$ (=6.2831) | |
| $\pi$ (=3.1415) | | | |

**(2)** (1)의 대응표를 참고하여 다음 좌표평면에 $r=\cos\theta$ 의 그래프를 그려 봅시다.

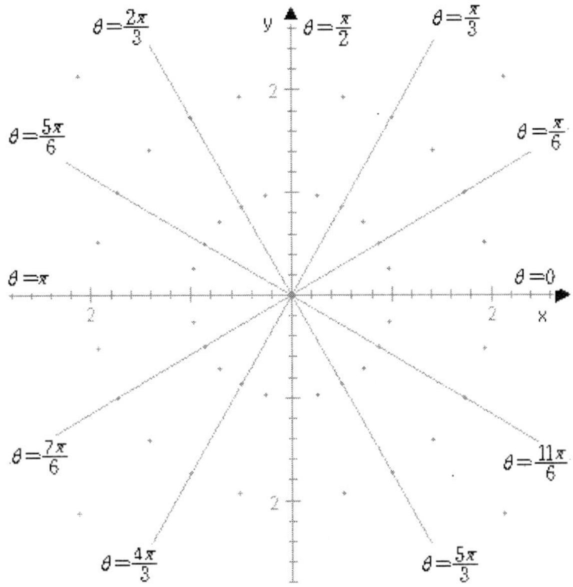


그래프의 모양이 어떻게 나타났습니까?

---

---

**[단계 3] [그래프] 기능을 사용하여 $r=\cos\theta\ (0\le\theta\le 2\pi)$ 의 그래프를 연속적으로 그린다.**

① 메뉴선택

MENU 5(GRAPH)

② 그래프 화면 설정

[Shift] [F3](V-Window)

Xmin: -3 Xmax: 3 Scale: 1

Ymin: -1.5 Ymax: 1.5 Scale: 1

$T, \theta$ 는 단계1과 동일

* x, y 눈금 간격이 같게 되도록 설정.

③ 함수식 입력 준비
F3(TYPE) F2(r=)

④ 함수식 입력
cos (X,θ,T) (EXE)

⑤ 그래프 그리기
F6(DRAW)

**[질문]** **(4)** 그래프의 모양이 어떻게 나타났습니까?

______________________________________________

______________________________________________

______________________________________________

**(5)** 이 그래프에서 $\theta$ 의 범위는 $0 \leq \theta \leq 2\pi$ 입니다. $r = \cos\theta\,(0 \leq \theta \leq 2\pi)$ 그래프가 네 개의 사분면에 모두 그려졌습니까? 만일 그렇지 않다면 그 이유는 무엇입니까?

______________________________________________

______________________________________________

______________________________________________

**과제 1.**

$0 \leq \theta \leq 2\pi$ 일 때, 다음 극방정식의 그래프가 각각 어떻게 그려지겠는지 개형을 그려 보고, 그래픽계산기로 자신의 답을 확인해 봅시다.

① $r = 2\cos\theta$　② $r = 3\cos\theta$　③ $r = 0.5\cos\theta$

① $r=2\cos\theta$ 의 그래프

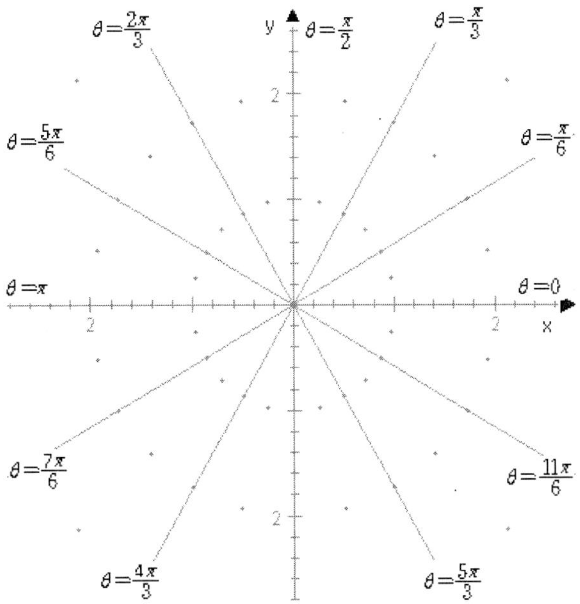


② $r=3\cos\theta$ 의 그래프

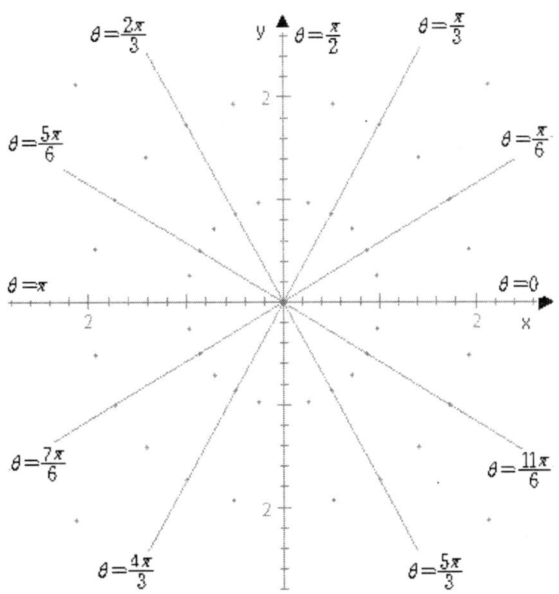

③ $r = 0.5\cos\theta$ 의 그래프

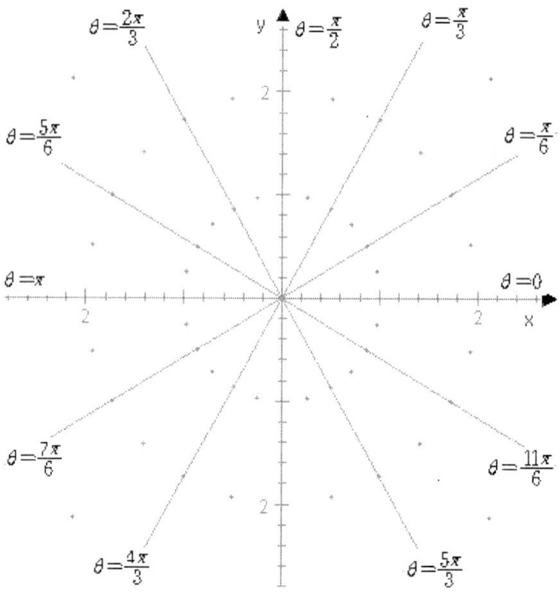


## 탐구 및 발전과제

**1.** $\theta$ 의 범위가 $0 \le \theta \le \pi$ 일 때, $r = 2\cos\theta$ 의 그래프가 어떻게 그려지겠습니까?

그래픽계산기로 자신의 답을 확인해 봅시다. 이 그래프를 $r = 2\cos\theta\,(0 \le \theta \le 2\pi)$ 의 그래프와 비교하고, 어떻게 그런 결과가 나타나게 되었는지 설명해 봅시다.

**2.** $r = -\cos\theta$ 의 그래프를 그래픽계산기로 그려 보고, $r = \cos\theta$ 의 그래프와 비교하여 그래프의 특징을 서술하시오.

( i ) 모양:

( ii ) 위치:

(iii) 두 그래프의 관계가 왜 그렇게 나타나는지를 설명해 봅시다.

3. 극방정식 $r=A\cos\theta\,(A\neq 0)\,(0\leq\theta\leq 2\pi)$의 그래프의 특징을 서술해 봅시다.

( i ) $A>0$일 때

( ii ) $A<0$일 때

# 34 $r = \cos b\theta$ ($b$는 정수)의 그래프

활동

극방정식 $r = \cos b\theta$의 그래프를 그리고, 그 그래프의 특징을 탐구한다.

**[활동전개]**

(1) $r = \cos b\theta$ ($b$는 정수)의 그래프를 그리고, 그래프의 특징을 관찰한다.

(2) $r = A\cos b\theta$ ($b$는 정수)의 그래프에서 $A$와 $b$의 부호와 크기에 따른 그래프의 변화를 탐구한다.

**[단계 1] 극방정식 $r = \cos 2\theta$의 그래프에 대하여 생각해 봅시다.**

**[질문] (1)** $\theta$가 다음과 같을 때, $r$의 값은 각각 얼마입니까?

| $\theta$ | $0$ | $\pi/4$ | $\pi/3$ | $\pi/2$ | $2\pi/3$ | $3\pi/4$ | $\pi$ |
|---|---|---|---|---|---|---|---|
| $r(=\cos 2\theta)$ | | | | | | | |

**(2)** $0 \le \theta \le \pi$일 때, $r = \cos 2\theta$의 그래프 개형을 다음 좌표평면에 그려 봅시다.

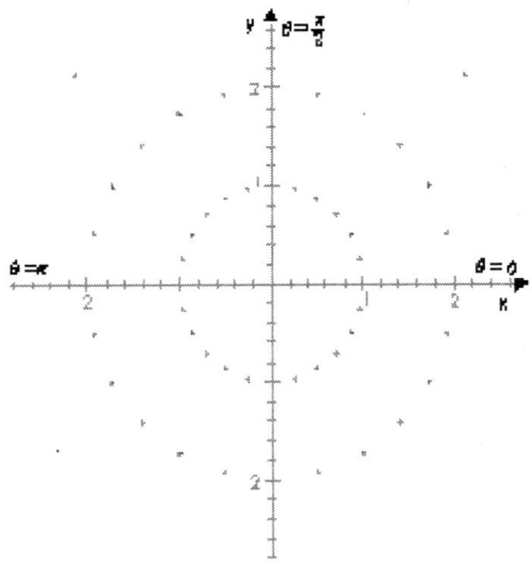

**[단계 2] 그래픽계산기의 환경을 다음과 같이 설정한다.**

① 메뉴선택

MENU 5(GRAPH)

② 환경설정

[Shift] SETUP

[F3](Daul Screen: Off)

▼ [F2](Angle: Rad) [EXE]

각도($\theta$)를 라디안으로 나타내도록 설정한다.

③ 그래프 화면설정

[Shift] [F3](V-Window)

Xmin: -4 Xmax: 4 Scale: 1

Ymin: -2 Ymax: 2 Scale: 1 ▼

$T, \theta$ min: 0 max:$2\pi$ pitch: $\frac{\pi}{50}$ [EXE]

$x, y$ 눈금 간격이같게 되도록 설정한다.

**[단계 3] 극방정식 $r = \cos 2\theta\,(0 \le \theta \le 2\pi)$의 그래프를 그린다.**

① 함수식 입력

[F3](TYPE) [F2](r=)

2 cos 2 [X,θ,T] [EXE]

② 그래프 그리기

[F6](DRAW)

(그래프가 그려지는 순서에 주목한다.)

그래픽계산기 화면에 그려진 $r = 2\cos 2\theta$ 그래프 개형을 다음 좌표평면에 옮겨 그려 봅시다.

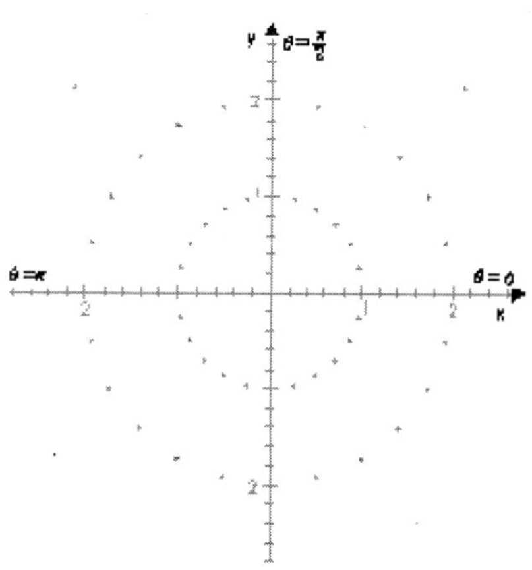


$r = 2\cos 2\theta$ 의 그래프

**[질문] (3)** $\theta$는 0부터 $2\pi$까지 증가함에 따라, 그래프가 $1 \rightarrow 2 \rightarrow 3 \rightarrow 4$ 사분면의 순서로 그려졌습니까?

______________________________

______________________________

______________________________

______________________________

(4) 그래프가 왜 그런 방법으로 그려지는지 설명할 수 있습니까?

---

---

---

| Hint: [Trace] 기능*을 사용하여 $r$이 음수인 경우, $\theta$값과 점의 위치를 비교한다 |
|---|

(5) 다음 극방정식의 그래프를 그래픽계산기로 그려서 개형을 각각 옮겨 그려 봅시다.

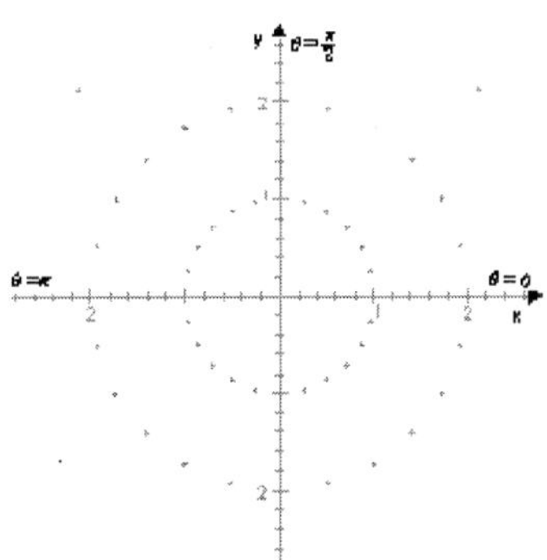

① $r=\cos 2\theta$

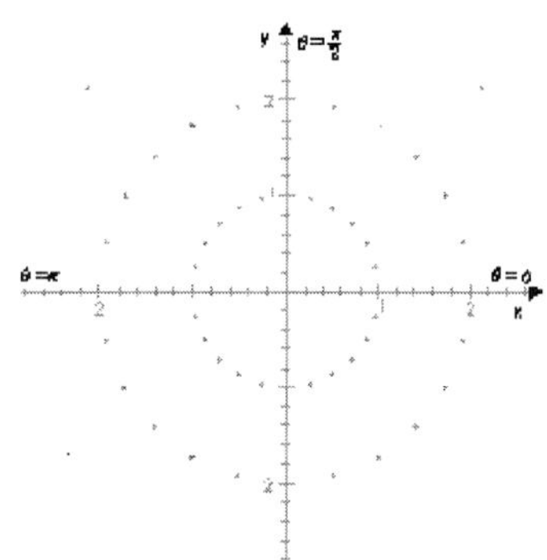

② $r=2\cos 3\theta$

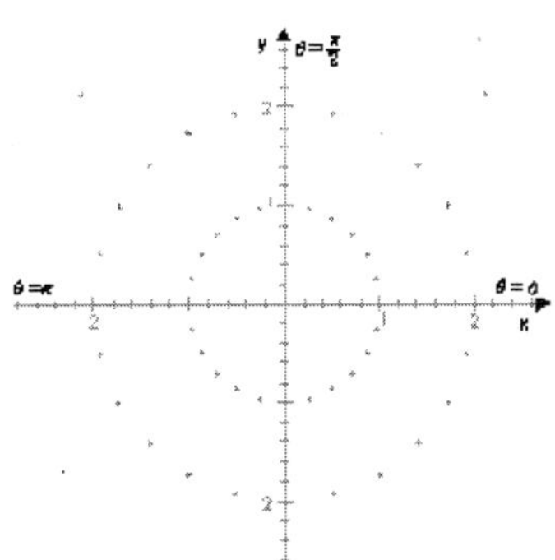

③ $r=2\cos 4\theta$

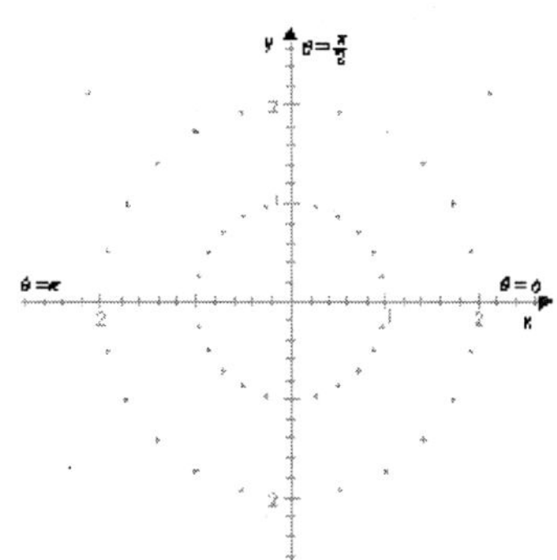

④ $r=2\cos 5\theta$

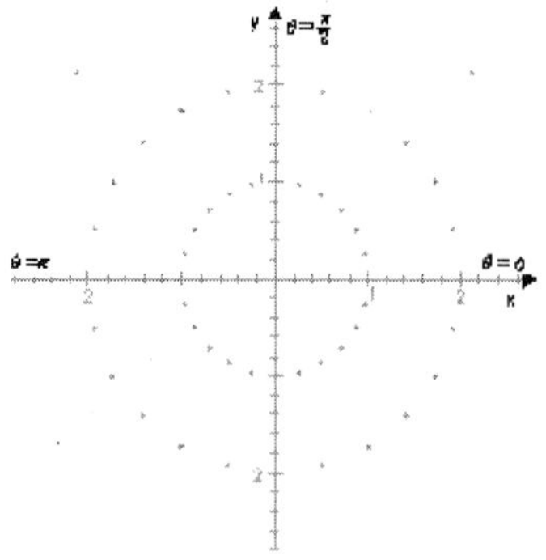

⑤ $r = 2\cos 5\theta$

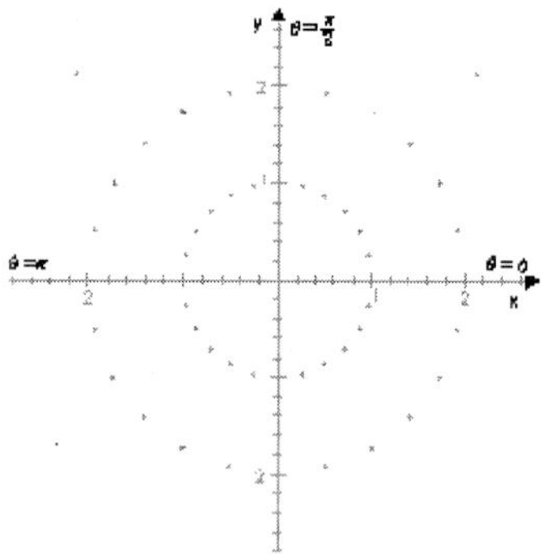

⑥ $r = 2\cos 6\theta$

(6) 위의 여러 그래프를 보고 발견한 사실이 무엇입니까?
각자 발견한 것을 토대로 $r = 2\cos 7\theta$ $(0 \le \theta \le 2\pi)$의 그래프 모양을 추측해 보고 그래픽계산기로 자신의 답을 확인해 봅시다.

---

---

(8) 극방정식 $r = 2\cos 8\theta$ 의 그래프 모양을 추측해 보고 그래픽계산기로 자신의 답을 확인해 봅시다.

---

---

(9) $r = 2\cos B\theta$ ($B$는 자연수)의 개형에 대하여 설명할 수 있습니까?

---

---

## 탐구 및 발전과제

그래픽계산기를 사용하지 말고 답을 한 후에 그래픽계산기로 확인해 봅시다.

**1.** 극방정식 $r=-2\cos 2\theta$ 의 그래프는 어떻게 그려질 것 같습니까? $r=-2\cos 2\theta$ 의 그래프는 $r=2\cos 2\theta$ 의 그래프와 어떤 관계가 있습니까? 그래프를 아래 빈칸에 그리고 그 이유를 써 봅시다.

**2.** 다음의 그래프가 어떻게 그려질지 좌표평면에 각각 그려 보고, 그래프의 모양과 그려지는 순서를 예측해 봅시다. 또 그래픽계산기로 자신의 예측이 옳은지 확인해 봅시다.

(1) $r=-3\cos 2\theta$ (2) $r=-4\cos 2\theta$ (3) $r=-2\cos 5\theta$

**3.** 극방정식 $r=A\cos B\theta$ 에서 $A>0$ 인 경우와 $A<0$ 인 경우의 그래프를 비교하여 설명해 봅시다.

**4.** $r=2\cos\theta$ 의 그래프가 지름이 2이고 지름이 $x$축 위에 있으며, 원점을 지나는 원이 되는 이유를 설명할 수 있습니까?

# 부록 1

## 해답 및 활동의 유의점(교사용)

# 1 해답 및 활동의 유의점(교사용)

## 1. 일차함수 $y = Ax\,(A \neq 0)$의 그래프

(1) **활동목표**: $y = Ax$ 형태의 일차함수의 그래프를 대응표를 만들어 그리고, 그래프의 성질을 탐구한다.

(2) **활동전개**: 정의역이 이산적인 경우, 정의역의 원소가 더 많아질 때, 정의역이 연속적인 폐구간일 때의 차례로 대응표를 만들어 $y = Ax$의 그래프를 그리고, 그래프의 특징을 관찰한다. 이때 대응표와 그래프를 한 눈에 확인할 수 있도록 화면을 이등분(SETUP-Dual Screen)하여 활동을 전개한다.

(3) **활동의 초점**: 단계 1-단계 5: 이산적인 정의역을 가질 경우, 정의역의 원소가 많아질수록 $y = Ax$의 그래프의 점의 개수가 증가하며 점의 배열은 일직선 모양을 이룬다.

대응표와 그래프 사이의 관계를 확인하기 위해 [TRACE] 기능을 사용하여 각 점의 좌표와 대응표의 값을 비교하게 한다(단계 3, 단계 5).

단계 5: 정의역이 연속적인 폐구간인 경우 $y = Ax$의 그래프는 선분으로 나타난다. 그래프를 연결하지 않도록 주의한다.

※ 정의역의 원소들이 이산적이며 원소 사이의 간격이 일정하지 않은 경우에는 [TABLE] 모드를 사용하기 어렵다.

(4) **질문**: (1) 일직선으로 배열된 점(11개), (3) 간격이 클수록 점의 개수가 줄어든다. (5) 직선

(5) **탐구활동 및 발전과제**: 탐구활동은 정의역이 연속적인 경우에 $y = ax$의 그래프를 [GRAPH] 모드로 그려 보고 그래프의 특징을 탐색하게 하는 활동이다. $y = Ax$의 그래프가 선분 또는 직선임에 주목하여 두 점을 가지고 그래프를 그릴 수 있음을 발견하고 주어진 $y = ax$의 그래프를 그리도록 과제를 제시하고 있다.

(1) 원점을 지난다. 선분이다. $x$의 범위에 따라 양끝점이 달라진다.

## 2. 일차함수 $y = Ax(A \neq 0)$의 그래프 (2)

(1) **활동목표**: $y = Ax$ 형태의 일차함수의 그래프에서 $A$의 역할을 탐색한다.

(2) **활동전개**: 정의역이 수 전체일 때, 여러 가지 $A$값에 대하여 $y = Ax$의 그래프를 그려서 $A$값의 크기와 관계 없이 변하지 않는 그래프의 특징과 $A$값의 부호와 크기가 그래프의 모양에 어떤 영향을 주는지 관찰한다.

(3) **활동의 초점**: 단계 1-단계 3: $A$가 양수일 때, $A$가 음수일 때, $A$가 양수 또는 음수일 경우에 $y = Ax$ 그래프를 차례로 살펴본다. $y = Ax$의 그래프는 $A$값에 관계없이 원점을 지나는 직선이 되며 $A$의 부호가 양이면 $x$가 증가하면 $y$도 증가하고, $A$의 부호가 음이면 $x$가 증가하면 $y$는 감소한다. $A$의 절대값이 클수록 직선은 $y$축에 가까이 붙는다.

$A$값에 따른 $y = Ax$의 그래프 특징을 묻는 질문(질문 4)에 학생들이 'A가 양(음)수이면 직선의 오른(왼)쪽이 올라간다'는 표현을 할 수 있으나 이것을 $x$값의 증가에 따라 $y$값이 증가(감소)한다는 관계로 이해할 수 있도록 이끈다.

(4) **질문**: (1) 원점을 지나는 직선이다. (2) $A$가 클수록 오른쪽이 위로 더 가파르게 올라간다. (오른쪽 위가 $y$축에 더 가까워진다.) (3)(4)(5) 활동의 초점 참조

(5) **탐구활동 및 발전과제**: 탐구활동은 $y = Ax$의 그래프를 [DYNA] 모드로 그려서 그래프의 특징을 분명하게 이해할 수 있도록 하는 활동이다. $A = 0$인 경우에 그래프가 $x$축이 됨을 관찰하여, $y = Ax$($A = 0$인 경우 포함)의 그래프가 원점을 지나는 직선이며 $A$의 값의 변화에 따른 그래프의 변화를 역동적으로 관찰할 수 있게 한다. 또 $y = Ax$와 $y = -Ax$의 그래프가 $y$축에 대하여 (선)대칭관계에 있음을 주목하도록 한다.

그래프 모양과 관련하여 기울기라는 용어를 소개하였으며, 기울기를 이용하며 $y = Ax$의 그래프를 그리는 간단한 과제를 제시하고 있다.

1. (3) $x$축과 겹친다. 3. $y$축에 대하여 대칭이다.

## 3. 일차함수 $y = Ax + B(A \neq 0)$의 그래프

(1) **활동목표**: $y = Ax + B$ 형태의 일차함수의 그래프를 대응표를 만들어 그리고 그래프의 성질을 탐구한다.

**(2) 활동전개**: [GRAPH] 모드에서 여러 가지 $B$값에 대하여 $y=x+B$, $y=ax+B$ 형태의 그래프를 그리고 그래프의 특징을 $y=x$, $y=Ax$의 그래프와 각각 비교하여 관찰한다.

**(3) 질문**: (1) 서로 평행하다. (4) $B$값의 크기에 따라서 $y=Ax$그래프와 평행하게 상・하로 이동한다.

**(4) 탐구활동 및 발전과제**: 탐구활동은 [DYNA] 모드에서 $y=Ax+B$의 그래프를 $A$와 $B$의 값 중 하나를 고정시키고 나머지값을 변화시켜서 $A$값은 그래프의 기운 정도에, $B$값은 그래프를 상하로 이동하게 한다는 사실을 탐구하도록 하는 활동이다.

평행이동, $x$절편, $y$절편의 용어와 의미를 알고 지필 계산으로 절편을 구하도록 한다.

○ $x$절편: 함수식에서 $y=0$을 대입하였을 때의 $x$ 값

○ $y$절편: 함수식에서 $x=0$을 대입하였을 때의 $y$ 값

지필 계산으로 절편을 구하고 그래픽계산기로 답을 확인하려고 할 때[TRACE] 기능으로는 그래픽계산기에서 정확한 값을 찾을 수 없는 경우도 있다.

예를 들면 발전문제 5. (2) ①, ②는 문제가 없으나 ③번의 경우에는 $y=3x-2$에서 $3x-2=0$, $x=\frac{2}{3}$가 되어 $x$절편은 $\frac{2}{3}$이다. 그런데 $y=3x-2$ 그래프를 그려서(V-Window: STD) [TRACE] 기능을 사용하면 정확하게 $y=0$인 점을 찾기 어렵고 $x$ 절편도 근사값으로 0.63이 된다. 이런 경우 정확한 값을 구하려면 그래프를 그린 상태에서 [Shift]G-Solve([F5]) Root([F1])을 차례로 누르고 잠시 기다리면 화면 하단에 X=0.6666666666, Y=0이 나타나게 되어 $x$ 절편이 0.66666666⋯임을 알 수 있다.

### 4. 음주 운전 위험하죠! (일차함수 응용1)

**(1) 질문**: 2. $y=126-15x$에서 $x$는 음주 후 경과시간이므로 음수가 되면 의미가 없고, $x$가 9이상이 되면 알코올 농도 $y$가 음수가 되므로 무의미하다. 4. 30㎎, 5. $x$의 계수 $(-15)$가 변화량을 나타낸다. 그러므로 매시 15㎎씩 배출된다.

**(2) 발전과제**: 1. (1) 212 ° F (2) 약 176.7℃ (3) 섭씨 1도의 변화에 해당하는 것이 화씨로는 $\frac{9}{5}$도이다. 또는 섭씨로 5도 변하면 화씨로는 9도가 변한다.

2. (두 번째 조건에서 일차함수 관계임을 알 수 있다.) (1) 15점, 25점 (2) $y = \frac{1}{5x+10}$

## 5. 모양 만들기 (일차함수 응용2)

(1) **활동목표**: 그래프를 보고 일차함수식을 구하며 그래프의 모양은 좌표축 설정과도 관련이 됨을 이해한다.

(2) **유의점**: 그래프창에 나타난 눈금을 세어 V-Window설정을 정할 수 있다. 눈금 간격이 1이라고 보는 경우 세 그래프 모두 V-Window는 표준으로 설정된 것이다.

※ 우수한 학생들을 대상으로 하는 경우 각 눈금 간격이 2, 또는 10으로 설정된 것이라고 가정하고 활동을 확장할 수 있다. 단순히 새로운 눈금체계에서 함수식을 구해 보게 할 수도 있고 눈금간격의 변화가 1차함수식을 어떻게 변화시키는지 등의 관계를 탐구하도록 하는 등 활동을 크게 발전시킬 수 있다. 학생들이 주목하여 발견할 수 있는 사항은 다음과 같다.

- $x$, $y$ 눈금 간격이 모두 2로 되는 경우: 기울기는 불변하고 $y$절편만 두 배가 된다.
- $y$ 눈금 간격만 2로 되는 경우: 기울기, $y$절편 모두 두 배가 된다.
- $x$ 눈금 간격은 2, $y$ 눈금간격은 3이 되는 경우: 기울기, $y$절편 모두 1.5배가 된다.
- $x$ 눈금 간격은 $a$, $y$ 눈금간격은 $b$가 되는 경우: 기울기, $y$절편 모두 $\frac{b}{a}$배가 된다.
- $x$ 눈금 간격이 2로 되는 경우는 결국 좌표평면을 $x$축으로 2배 확대한 것과 같다 등

(3) **해답**: 다음은 다양한 해 중의 일부이다.

(i) Xmin: -10, Xmax: 10, Scale: 1 Ymin: -5, Ymax: 5, Scale: 1
Y1=0.5X+4, Y2= -0.5X-4, Y3= -X+4, Y4=X-4 (함수식 순서는 관계 없음)
(또는 Xmin: -20, Xmax: 20, Scale: 2 Ymin: -10, Ymax: 10, Scale: 2
Y1=0.5X+8, Y2= -0.5X-8, Y3= -X+8, Y4=X-8 등)

(ii) Xmin: -10, Xmax: 10, Scale: 1 Ymin: -5, Ymax: 5, Scale: 1
Y1=2X+4, Y2=4,[0,6], Y3= 2x-8, Y4=0,[-2,2] (함수식 순서는 관계 없음)
(또는 Xmin: -10, Xmax: 10, Scale: 1 Ymin: -10, Ymax: 10, Scale: 2

Y1=4X+8, Y2= 8,[0,6], Y3= 4X-16, Y4=0, [-2,4] 등)

(iii) Xmin: -10, Xmax: 10, Scale: 1 Ymin: -5, Ymax: 5, Scale: 1

Y1=(1÷3)X+(8÷3), Y2= -(7÷4)X+11, Y3= -0.5X+1 (함수식 순서는 관계 없음)

(또는 Xmin: -10, Xmax: 10, Scale: 1 Ymin: -10, Ymax: 10, Scale: 2

Y1=(2÷3)X+(16÷3), Y2= -(7÷2)X+22, Y3= -X+2 등)

## 6. 좌표축에 평행인 선분

(1) **활동목표**: 좌표축에 평행한 선분의 함수식을 학습하도록 한다.

(2) **유의점**: $x$축에 평행한 선분의 식($y=c$ 형태에 정의역의 양끝을 명시)은 학생들에게 큰 무리가 없으나 $y$축에 평행한 선분은 매개변수식으로 나타내야 하기 때문에 중학생 수준에서는 이해하기 어렵다. 그러므로 중학교 수준에서는 알고리즘으로 활용할 수 있게 하는 정도로 지도하거나, $y$축에 평행한 선분의 경우는 제외시켜도 무방하다.

(3) **질문**: 매개변수 식은 xT, yT 2개가 하나의 식을 나타낸다. 함수식의 등호가 반전(=)된 상태에만 그래프가 그려진다는 점에 주목한다.

답: 함수식 2개(Y=, 매개변수 형태 각 1개씩), 그래프 2개, 직각으로 만나는 선분으로 그래프는 다음과 같다.

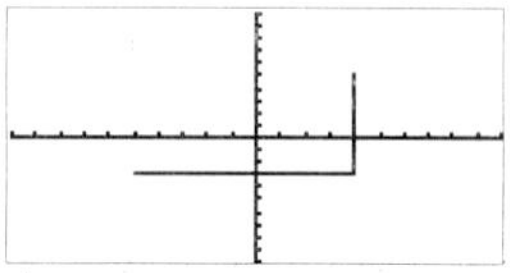

(4) **발전과제**: 1. 답: Y2= $-3$, [$-2$, 8], Xt4= 8Yt4= T, [$-3$, 2]

## 7. 모양 만들기와 변형하기

(1) **활동목표**: 그래픽계산기 화면에 주어진 그림이 그려질 수 있도록 함수식을 찾으며, 좌표축의 범위와 눈금간격을 적절히 조절하여 그림의 모양을 변형한다.

(2) **유의점**: $y$축과 평행한 선분의 식을 다루지 않은 경우에는 세 번째 그래프를 생략한다.

(3) **활동 1(답)**: 그래프의 함수식

| (1) | Y1= $\frac{3}{2}x-2,[2,8]$ , Y2=$-\frac{3}{2}x+22,[8,14]$ , Y3 =1,[2,14] |
|---|---|
| (2) | Y1 =10,[5,10], Y2 $=2x,[3,5]$ , Y3 $=-2x+30,[3,5]$ , Y4 =6, [3,12] |
| (3) | Y1 =10,[5,10], Y2 $=2x,[3,5]$ , Y3 $=-2x+30,[3,5]$ , Y4 =6, [3,12]<br>Xt5 =4.5Yt5 =T, [1,6]<br>Xt6 =10.5Yt6 =T, [1,6]<br>Y7 =1, [4.5,10.5] |

**(4) 활동2(답)**: 일부

(1) Xmin=− 10 Xmax=25Xscal=1 Ymin=0Ymax=10 Yscal=1

## 8. 이차함수 $y=Ax^2(A\neq 0)$의 그래프 (1)

**(1) 활동목표**: $y=Ax^2$의 그래프를 대응표를 만들어 그리고, 그래프의 성질을 탐구한다.

**(2) 활동전개**: 정의역이 이산적인 경우, 정의역의 원소가 더 많아질 때, 정의역이 연속적인 폐구간일때의 차례로 대응표를 만들어 $y=Ax^2$의 그래프를 그리고 그래프의 특징을 관찰한다. 이 때 대응표와 그래프를 한 눈에 확인할 수 있도록 화면을 이등분(SETUP-Dual Screen)하여 활동을 전개한다.

**(3) 활동의 초점**

단계 1~단계 3: 이산적인 정의역을 가질 경우, 정의역의 원소가 많아질수록 $y=Ax^2$의 그래프의 점의 개수가 증가하며 점의 배열은 좌우 대칭인 곡선모양을 이룬다.($x$의 간격을 너무 작게 하면 계산기 기억용량 초과로 인한 오류가 난다.) 대응표와 그래프 사이의 관계를 확인하기 위해 [TRACE] 기능을 사용하여 각 점의 좌표와 대응표의 값을 비교하게 한다.

※ 여기에서는 정의역의 원소들이 이산적인 경우에 한하여 대응표를 이용하여 $y=Ax^2$의 그래프를 그리게 하여 점들이 대칭적으로 나타남에 주목할 수 있게 한다. 의도적으로 학생들로 하여금 그래프의 일반적인 특징을 이끌어 내도록 하지는 않는다.

**(4) 발전과제**: 대응표를 이용하여 $y=ax^2$의 그래프를 그리고, 그래픽계산기로 자신의 답을 확인한다. 과제에 제시된 모눈종이 간격이 V-Window 표준설정(STD)과 동일하나 그래픽계산기 창의 가로와 세로의 비율이 2 : 1인 점을 감안하여 답을

확인하여야 한다. (모눈종이에 그림 자신의 그래프를 가로로 두 배 늘린 것이 계산기의 그래프와 모양이 같아야 한다.) 3. 그래프가 연결된다(실선으로 나타남).

## 9. $Ax^2(A \neq 0)$의 그래프 (2)

(1) **활동목표**: $y = Ax^2$ 의 그래명: 이차함수 그래프를 그리고 그래프에서 $a$의 역할을 탐색한다.

(2) **활동전개**: [GRAPH] 모드, [DYNA] 모드에서 정의역이 수 전체일 때, 여러 가지 $A$값에 대하여 $y = Ax^2$의 그래프를 그려서 $A$값의 크기와 관계없이 변하지 않는 그래프의 특징과 $A$값의 부호와 크기가 그래프의 모양에 어떤 영향을 주는지 관찰한다.

(3) **활동의 초점**: 단계 1. [GRPH] 모드에서 $A$가 양수일 때 $y = Ax^2$ 그래프를 차례로 살펴본다. (하나의 좌표평면에 여러 그래프를 동시에 그릴 때, 그래프 색을 달리 지정하여 구별되도록 한다.) 그래프가 $A$값에 관계없이 원점을 지나며, $x$가 증가함에 따라 $y$는 감소하다가 증가하여 최솟값을 갖고, $y$축에 대하여 대칭인 곡선이 됨을 관찰하게 한다.

단계 2. [DYNA] 모드에서 $A$의 값에 따라 $y = Ax^2$의 그래프가 어떻게 그려지는지 관찰하여 그래프의 특징을 기술한다. $y = Ax^2$의 그래프는 원점을 지나고 $y$축에 대칭인 곡선으로 $a$의 부호에 따라 그래프가 최소 또는 최댓값을 가지며, $A$의 절대값이 클수록 곡선은 $y$축에 가까이 접근한다.

(4) **질문**: (3) ( i ) 있다. (0, 0) ( ii ) 있다. $y$축이 대칭축이다. (4) ( i ) 위로오목, 아래로볼록 (iii) $x$축 (5) $A$가 클수록 폭이 좁다.

(5) **탐구 및 발전과제**: $y = Ax^2$ 형태의 주어진 함수식을 그래프와 대응시키는 과제로 $y = Ax^2$의 그래프 특징을 확인하도록 한다. 그래프에 눈금에 숫자가 씌어 있지 않으나 $x^2$의 부호와 절대값을 상대적으로 비교하여 그래프가 그려지지 않은 식을 찾는다. (1) 답은 ④ $(y = x^2)$이다.

## 10. 이차함수 $y = Ax^2 + Q(A \neq 0)$의 그래프

(1) **활동목표**: $y = Ax^2 + Q$ 의 그래프에서 $Q$의 역할을 탐색한다.

(2) **활동전개**: [GRAPH] 모드에서 여러 가지 $Q$값에 대하여 $y = x^2 + Q$의 그래프,

$y=2x^2+Q$의 그래프를 그려서 $Q$값의 변화가 그래프에 주는 영향을 탐색하고, [DYNA] 모드에서 발견한 바를 재확인한다.

(3) **활동의 초점**: 이 활동에서 일련의 그래프들은 동일한 대칭축을 갖는다는 사실은 쉽게 발견할 수 있다. 그러나 그래프들이 대칭축에서 멀어질수록 시각적으로 가까워지므로$y=x^2+Q$의 그래프가 $y=x^2$의 그래프를 $y$축의 방향으로 평행이동한 것이라는 것을 발견하기는 쉽지 않다. 또 함수식을 살펴보고 이미 평행이동 관계를 인식한 학생의 경우에, 그래프의 간격이 일정하지 않게 보이는 것을 발견하고 의아하게 생각할 것이다. 그러므로 이 활동에서는 [TRACE] 기능을 이용하여 그래픽계산기 화면의 여러 그래프에서 동일한 $x$ 좌표에 대한 각 $y$ 좌표 사이의 관계를 탐색해 보게 하는 활동(질문2)에 비중을 두도록 한다.

※ 1차함수의 경우와 달리 이차함수의 경우에는 동일한 그래프라도 꼭짓점의 위치가 위 아래로($y$ 축 방향으로) 이동하는 경우 그래프 모양이 다르게 보인다. 그러므로 $y$축 방향으로 평행이동한 관계에 있는 2차함수 그래프 위의 점을 [Trace] 기능으로 위 아래의 그래프로 이동시키며 좌표값을 추적해 보는 것이 $y$축 방향의 평행이동과 그래프를 이해하는 데 도움이 된다.

(4) **질문**: (1) 공통점은 모양이 같다. 차이점은 $x$값이 같을 때 $y$값의 차이가 같다. (4) $y=2x^2$의 그래프를 상하로($y$축방향으로) 평행이동한 것이다.

(5) **과제**: 1. 정답: (1)

(6) **탐구활동 및 발전과제**: 2. (1)$A$는 그래프의 모양($A$의 부호는 그래프가 오목한 방향, 절대값 $A$는 그래프가 오목한 정도), $Q$는 $y$절편을 결정짓는다. (4) $y=Ax^2+Q$ (5)$y=-Ax^2-Q$. 탐구활동2 는 [DYNA] 모드에서 $y=Ax^2+Q$를 입력하고 $A$, $Q$를 각각 변화시키며 그 역할을 탐색하게 할 수도 있다.

## 11. 이차함수 $y=A(x-P)^2+Q$의 그래프

(1) **활동목표**: $y=A(x-P)^2+Q$ 의 그래프에서 $P$의 역할을 탐색한다.

(2) **활동전개**: [GRAPH]와 [TABLE] 모드에서 여러 가지 $P$값에 대하여 $y=(x-P)^2$의 그래프에서 $P$의 역할을 관찰하고, $P$, $Q$값의 변화가 그래프에 주는 일반적인 영향을 탐색하기 위해 [DYNA] 모드에서 $y=A(x-P)^2$, $y=A(x-P)^2+Q$의 그래프를 그려 관찰한다.

(3) **활동의 초점**: 그래픽계산기에서 몇 개의 그래프가 그려졌을 때, 동일한 $y$값에 대한 $x$값을 각각 추적하도록 그래프 사이를 단번에 오가는 것(즉, $x$에 평행한 방향으로 그래프 사이를 차례로 이동하는 것)은 가능하지 않다(만일 이것이 가능하다면, $x$축 방향으로의 평행이동을 관찰하기보다 용이할 것이다). 그러므로 이 활동에서는 [Trace](단계 1) 또는 대응표(단계2)를 이용하여 동일한 $y$값에 대한 $x$값을 찾아보고 $x$축 방향으로의 평행이동이라는 사실을 발견하도록 하였다. [DYNA] 모드에서의 활동(단계 3, 4)은 이러한 관계를 시각적으로 확인하도록 할 것이다.

(4) **질문**: (1) 공통점은 모양이 같다. 차이점은 수평방향으로 움직인것과 같은 모양이다. (6) 꼭짓점이 $x$축 위에 고정되어 있고 전체 모양만 달라진다.

## 12. 이차함수 $y=Ax^2+Bx+C$의 그래프

(1) **활동목표**: $y=Ax^2+Bx+C$의 그래프에서 $A$, $B$, $C$ 각각의 역할을 탐색한다.

(2) **활동전개**: [DYNA] 모드에서 $A$, $B$, $C$를 차례로 변화시키면서 이들이 $y=Ax^2+Bx+C$의 그래프를 어떻게 변화시키는가를 관찰한다.

(3) **활동의 초점**: $y=Ax^2+Bx+C$ 그래프는 $A$, $B$, $C$의 부호와 크기에 따라 그래프 모양(그래프가 벌어진 방향과 벌어진 정도)과 대칭축, 꼭짓점의 위치가 변화한다(그래프의 모양은 $A$에 따라 정해지지만 대칭축과, 꼭짓점 등은 $A$, $B$, $C$가 복합적으로 작용하여 결정한다). 이 활동은 학생들에게 귀납추론의 기회를 제공하고 이를 촉진시키는 활동이며, $A$, $B$, $C$ 중에 다른 두 문자의 값이 고정되었을 경우에 $A$는 그래프의 모양에, $B$는 대칭축의 위치에, $C$는 $y$절편(또는 꼭짓점의 $y$좌표)에 영향을 준다는 사실을 발견해 내도록 하는 것이 본 활동의 주요 목표이다. 이차함수에서 경우 동일한 그래프라도 좌표평면이의 일부가 화면에 그려지게 되고 꼭짓점의 위치에 따라 그래프 모양(벌어진 정도)이 달리 보인다. $B$, $C$가 고정된 값이라 해도 $A$값에 따라 꼭짓점의 좌표$\left(-\dfrac{B}{2A}, -\dfrac{B^2-4AC}{4A}\right)$가 조금씩 차이가 있으므로 $A$값의 변화가 그래프 모양에 영향을 준다는 사실을 발견하기가 쉽지 않을 수 있다. 그러나 활동지에 기록한 대로 $A$의 값을 음수에서 양수의 범위로 변화하면 $A$의 부호가 그래프 모양에 영향을 준다는 사실은 쉽게 발견이 가능할 것이다. 꼭짓점의 위치도 다소 바뀌므로 여기에 착안하는 학생들에게는

그중 가장 두드러진 변화를 찾아내도록 한다(꼭짓점의 변화와 같은 약간의 변화에 착안한 학생은 과제 및 발전과제 2에서 그 이유를 찾을 수 있게 될 것이다). 마찬가지로 $B$와 $C$의 변화에 대해서도 가장 두드러진 변화를 찾아내도록 안내한다.

(4) **질문**: (1) 그래프 모양을 바꾼다.
(2) 대칭축과 꼭지점을 바꾼다.
(4) 활동의 초점 참조.

## 13. 3차함수 $y = Ax^3+Bx+Cx+D$의 그래프 (1)

(1) **활동목표**: $y = Ax^3 + Bx^2 + Cx + D$의 그래프에서 $A, B, C, D$ 각각의 역할을 탐색한다.

(2) **활동전개**: [DYNA]모드에서 $A, B, C, D$를 차례로 변화시키면서 이들이 그래프를 어떻게 변화시키는가를 관찰한다.

(3) **활동의 초점**: $y = Ax^2 + Bx + C$의 그래프의 경우와 마찬가지로 $A, B, C, D$ 네 개의 문자의 값 중 세 개를 고정시키고 한 값을 변화시킬 때, $y = Ax^3 + Bx^2 + Cx + D$의 그래프에 가장 특징적으로 나타나는 변화에 주목하여 각각의 역할을 발견하도록 하는 귀납추론을 촉진시키는 활동으로 중학생들에게도 가능하다. 학생들은 자신의 추론이 옳은가를 확인하기 위하여 고정된 값을 갖는 다른 변수의 값을 수정하여 확인하게 한다. 예를 들면 $B=1,\ C=1,\ D=1$로 하고 $A$를 변화시켜 $A$의 역할을 추측한 후에 다시 $B=0,\ C=1,\ D=1$로 하여 $A$를 변화시켜 보고 자신의 추측이 맞는가를 확인하는 것이다.

(4) **질문**:
A의 역할 : 부호가 그래프의 전체적인 모양을 결정
($x$가 매우 큰 수가 될 때 $y$도 커지는가? 즉, 그래프의 오른쪽이 올라가는가?)
B의 역할 : $x$에 따른 $y$의 증가/감소 비율 결정
($x$축 방향으로 그래프를 늘이거나 줄이는 것처럼 보인다).
C의 역할 : $x$에 따른 $y$의 증가 또는 감소 비율 결정
($y$축 방향으로 그래프를 늘이거나 줄이는 것처럼 보인다).
D의 역할 : $y$절편을 결정

## 14. 활동명: 3차함수 $y = Ax^3 + Bx + Cx + D$의 그래프 (2)

(1) **활동목표**: $y = Ax^3 + Bx^2 + Cx + D$의 그래프가 $x$축과 만나는 점의 개수를 탐색한다.

(2) **활동전개**: [GRAPH]모드에서 주어진 $A$, $B$, $C$, $D$에 대하여 $y = Ax^3 + Bx^2 + Cx + D$의 그래프를 그리고 그래프가 $x$축과 만나는 점의 개수를 관찰한다.

(3) **활동의 초점**: $y = Ax^3 + Bx^2 + Cx + D$의 그래프는 적어도 1점에서 $x$축과 만나며 $x$축과의 교점은 최대 세 개임을 발견하는 데 있다.

(4) **질문**: (1) 그래프 모양이 화면에 잘 드러나도록 적절히 V-Window를 설정하는 것이 중요하다.

①

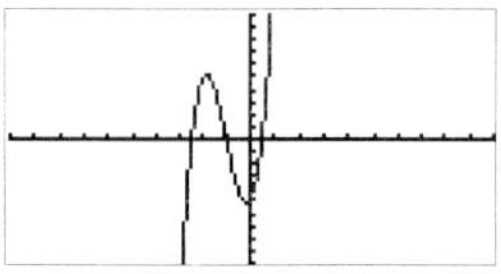

②

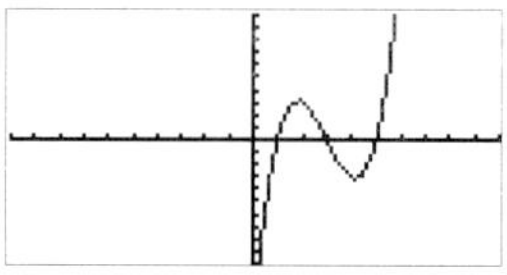

③

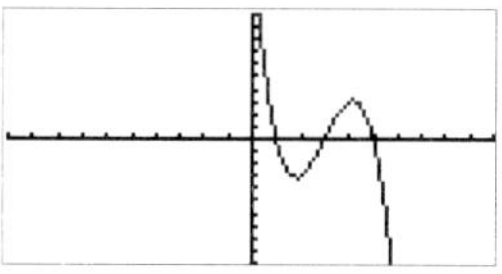

④

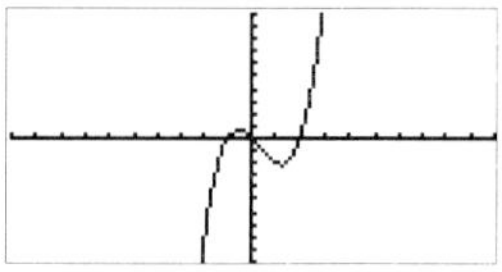

⑤

※ (주의) Y1= $4x^3 + 12x^2 + 3x - 5$ 입력할 때, 지수 다음에 반드시 ▶를 넣어서 4 [X,θ,T]^3▶+12[X,θ,T]$x^2$+3[X,θ,T]-3으로 입력한다.

(만일 ▶로 구분하지 않으면 $4x^{3+12\cdots}$로 인식되어 오류가 생긴다.)

※ (참고) 입력한 식의 그래프가 나타나지 않게 하려면, 커서를 식으로 이동하여 선택[F1](SEL)을 누르면 된다. 이때, 입력된 함수식의 반전된 등호(=)가 다시 반전(=)되면서 그리기[F6](DRAW)를 눌러도 그 그래프는 그려지지 않는다.

그림의 화면에는 ①~⑤까지 함수식이 모두 입력되어 있는데, 여기서 그리기[F6](DRAW)를 누르면 ⑤의 그래프만 그려진다.

# 분수함수(유리함수)

## 15. 분수함수의 그래프(1)

(1) **활동목표**: $y=\dfrac{A}{x}\ (x \neq 0)$ 형태의 분수함수의 그래프를 대응표를 만들어 그리고 그래프의 성질을 탐구한다.

(2) **활동전개**: 정의역이 이산적인 경우, 정의역의 원소가 더 많아질 때, 정의역이 연속적인 폐구간일 때의 차례로 대응표를 만들어 $y=\dfrac{A}{x}$의 그래프를 그리고 그래프의 특징을 관찰한다. 이때 대응표와 그래프를 한 눈에 확인할 수 있도록 화면을 이등분(SETUP-Dual Screen)하여 활동을 전개한다.

(3) **질문**: (8) (i) +, 0, 매우 커진다. (9) 1, 3사분면

## 16. 분수함수의 그래프 (2)

(1) **활동목표**: [GRAPH]모드와 [DYNA] 모드에서 $y=\dfrac{A}{x}\ (x \neq 0)$ 형태의 분수함수의 그래프를 그리고 그래프의 성질을 탐구한다.

(2) **활동전개**: [GRAPH]모드와 [DYNA] 모드에서 $y=\dfrac{A}{x}$의 그래프의 특징(점근선, $A$의 역할)을 관찰하고 정의역이 0을 제외하면 폐구간일 때, $y=\dfrac{A}{x}$의 그래프를 좌표평면에 그린다.

(3) **질문**: (1) Y1-③과 ④, Y2-2②와 ⑤, Y3-①과 ⑥ (4) 그래프가 그려지는 사분면을 결정한다. (5) (i) 0, $x$축 (ii) 한없이 커진다. $y$축 (6) 2개 (7) 점대칭, 대칭의 중심은 (0, 0)이다.

## 17. 분수함수의 그래프 (3)

(1) **활동목표**: [DYNA] 모드에서$y=\dfrac{1}{x-P}+Q\ (x \neq 0)$의 그래프를 그리고 그래프의 성질을 관찰한다.

**(2) 활동전개**: [DYNA] 모드에서 $y=\dfrac{1}{x-P}+Q\ (x\neq 0)$의 그래프의 모양을 관찰하여 $P$, $Q$가 그래프에 어떻게 영향을 주는지 탐색한다.

**(3) 활동상의 주의점**: 그래픽계산기 화면이 작기 때문에 동일한 족(family)에 속하는 여러 그래프를 한 평면에 그렸을 때, 그래프들이 점근선 가까이에서 만나는 것처럼 보이는데 사실은 그렇지 않다. 이는 함숫값을 구하여 확인하거나 또는 [Graph] 모드에서 [Trace] 기능을 사용하여 확인할 수 있다.

$x$, $y$축을 점근선으로 하지 않는 분수함수 그래프 $y=\dfrac{1}{x-P}+Q$의 점근선을 그래픽계산기 화면에서 이해하는 데에는 다소 어려움이 있다. 이러한 경우에는 점근선을 확인하려면 (교사가 계산기 화면에) 점근선을 그려 넣거나(($y=c$형) $y=q$(매개변수형) $x=p$, $y=t$), 프로젝션 화면에 직접 직선을 그리는 것도 한 방법이다.

**(4) 질문**: (5) $x=P$와 $y=0$($x$축) (6) 분모가 0이 되므로 (9)[GRAPH] 모드에서 $y=\dfrac{1}{x}+1$, $y=\dfrac{1}{x}+2$, $y=\dfrac{1}{x}$의 그래프를 한꺼번에 그리고 [Shift][Trace]로 $x=0$ 근처에 그려진 각 그래프 사이를 ▲▼를 움직여 오가면서 계산기 화면 하단에 나타난 함숫값을 관찰한다. (12) $x=P$, $y=Q$

(13) 정의역: $x\neq P$인 모든 수, 치역: $x\neq Q$인 모든 수.

**(5) 탐구활동 및 발전과제**

6. A: 그래프의 개략적인 위치(상하좌우), P: $x$축 방향으로의 평행이동,
Q: $y$축 방향으로의 평행이동.

## 방정식

### 18. 이차방정식의 해(1): (이차식) = 0

**(1) 활동목표**: 이차방정식과 이차함수 사이의 관계를 이해하고, [GRAPH] 모드에서 이차방정식 $Ax^2+Bx+C=0$의 근을 $y=Ax^2+Bx+C$의 그래프와 $x$축과의

교점의 $x$좌표를 읽어 구한다.

(2) **활동상의 주의점**: 이 활동은 함수의 그래프와 방정식의 해 사이의 관계를 최초로 탐구하게 하는 것으로서 방정식의 해의 의미에 대한 이해에 초점을 맞추도록 한다. 그러므로 방정식의 해가 지나치게 큰 수이거나 소수점 아래 두 자리 이상 계속되는 복잡한 값을 갖는 경우는 활동에 포함시키지 않았다.

화면(V-Window) 설정에서 $x$의 범위를 [-6.3, 6.3]로 한 것은 [Trace]로 교점의 좌표를 추적할 때 $x$값을 0.1 간격으로 변화시키기 위한 것이므로 활동단계의 지시에 따라 화면을 설정하도록 한다. 만일 임의로 V-Window를 설정하면 [Trace] 정확한 교점을 건너뛰어 $y=0$이 되는 경우의 $x$값을 보여 주지 못하므로 방정식의 근(해)의 의미를 이해하기 보다는 오히려 계산기의 부정확함에 학생들이 주목할 위험이 있기 때문이다.

또 방정식의 근이 복잡한 경우(예: 무리수)에는 화면설정을 어떻게 해도 정확한 값을 구할 수 없다. 그러므로 교사가 활동을 확장시키기 위하여 학생들에게 다른 예를 제시하는 것은 유익할 것이나 복잡한 근을 가지는 예($x^2-2=0$ 등)는 이 활동에서는 포함시키지 않도록 주의한다.

(3) **질문**: (3) $-2$와 3 (6) 그래프와 $y=3$이 만나는 점의 $x$좌표 (7) $-1$과 3

## 19. 이차방정식의 해 (2)

(1) **활동목표**: 이차방정식과 이차함수 사이의 관계를 이해하고, [GRAPH] 모드에서 이차방정식 $f(x)=g(x)$의 근을 $y=f(x)$와 $y=g(x)$의 그래프의 교점의 $x$좌표로 구하거나, 또는 $y=f(x)-g(x)$의 그래프가 $x$축과 만난 점의 $x$좌표를 읽어 구한다.

(2) **활동상의 주의점**: $y=f(x)$와 $y=g(x)$의 그래프 교점의 $x$좌표와 $y=f(x)-g(x)$의 그래프가 $x$축과 만난 점의 $x$좌표가 동일함을 시각적으로 확인하게 한다. 이는 $f(x)=g(x)$와 $f(x)-g(x)=0$가 동치관계에 있음을 경험적으로 확인할 수 있는 기회를 제공한다.

(3) **탐구 및 발전과제**:

1. 구체적인 함수식이 없이 그래프로 연립방정식의 근을 구하는 문제이다. (1) $x=1,\ y=4$(2)근이 없음 (3)$x=-1,\ y=2$또는 $x=2.5,\ y=10$.

2. 1은 연립방정식의 해를 구하는 것으로 그래프의 교점의 $x$, $y$좌표 모두를 답으로 내지만 2번에서는 1원1차방정식이란 점이 다르다. (1)$x=1$(2)근이 없음 (3)$x=-1$ 또는 $x=2.5$
3. 연립방정식의 두 그래프가 만나는 점의 $x$좌표가 5와 $-1$이다.
4. 교점의 좌표가 정확하지는 않으나 교점의 $x$좌표가 정수인 것이 없음은 명백하다. (1)없다. (2) -3과 -2사이, 1과 2사이 (3)곱의 부호는 음(-).
5. (1) 이차방정식이나 연립방정식 모두 가능하다. 그러므로 정답은 다음 (i), (ii) 중 1개 또는 모두 쓰면 된다. (i) 방정식$ax^2+bx+c=-x+3$, 또는 $ax^2+(b+1)x+c-3=0$등, (ii) 연립방정식 $\begin{cases} y=ax^2+bx+c \\ y=-x+3 \end{cases}$

   (2) (1)에서 방정식으로 답한 경우: 한 근은 $-3$과 $-2$ 사이에, 큰 근은 0과 1 사이에 있다; 2개의 근을 가진다. … (1)에서 연립방정식으로 답한 경우: 2쌍의 근을 가진다; 한 근은 $x$는 $-3$과 $-2$ 사이에 $y$는 5와 6 사이에 있고, 다른 근은 $x$는 0과 1 사이에, $y$는 2와 3 사이에 있다.

## 20. 여러 가지 방정식의 해

(1) **활동목표**: 이차방정식과 함수의 그래프 사이의 관계를 이해하고, 그래프를 이용하여 방정식의 근을 구한다.

(2) **활동상의 주의점**: 활동 18은 그래프 교점의 좌표를 읽어 방정식의 해를 구하고, 활동 19은 연립방정식의 해를 그래프의 교점과 관련시켜 의미는 이해하는 데 초점을 두었다. 활동 20은 문제해결에 초점을 두어 방정식을 그래프로 풀되, 교점의 좌표까지도 [G-Solve] 기능을 이용하여 구하도록 한다. 그러므로 이 활동에서 가장 중요한 것은 문제해결을 위한 식을 세우고 그 해를 구하는 데 그래픽계산기의 기능을 충분히 활용하는 것이다.

계산기로 그래프의 교점의 좌표를 구하는 이 활동에서 필요한 것은 대략적으로 근의 범위를 예측하는 능력이다. 근의 범위를 전혀 예측하지 않더라도 그려진 그래프를 그린 후, ▶◀ 등을 이용하여 교점 부근으로 화면을 이동할 수 있기 때문에 근본적으로 문제가 될 것은 없으나 교점의 범위를 미리 예측하면 교점이 화면에 보이도록 적절하게 V-Window를 설정할 수 있기 때문에 편리하다.

[G-Solve] 기능을 활용하게 하면 $\sin x=x^2$ 등의 해를 구할 수도 있어, 2, 3, 4차

방정식 등고차방정식의 풀이가 가능할 뿐 아니라 다항방정식 이외의 방정식의 해를 구할 수 있기 때문에 실생활의 문제해결로도 얼마든지 활동을 확장시킬 수 있다.

(3) **질문**: (2) $x = 2.7573$ (3) $x = 1$ (4) 7.2725

### 21. 방정식 $x^2 - 2^x = 0$의 근 구하기

(1) **활동목표**: [GRAPH] 모드에서 $y = x^2 - 2^x$의 그래프를 그리고 [G-Solve] 기능으로 방정식 $x^2 - 2^x = 0$, $x$가 자연수일 때 $x^2 - 2^x > 0$, $x^2 - 2^x < 0$의 해를 구한다.

(2) **질문**: (3) $x = -0.766$, $x = 2$, $x = 4$ (5) $x$가 근일 때 두 값은 같고, $x < -0.766\cdots$ 또는 $2 < x < 4$일 때 $x^2 > 2^x$이다.$\cdots$

(3) **탐구과제**: 그래픽계산기로 $y = x^2 + 2$, $y = 2^x$의 그래프를 그려서 두 그래프의 교점을 찾아 함숫값을 비교([G-Solve]-[ISCT])하거나 $y = x^2 + 2 - 2^x$의 그래프의 부호를 조사하면 된다([G-Solve]-[Root]). 정수의 판단이 옳은가를 알기 위해서는 정수가 그 직장에 몇 년간 근무할 예정인가를 알아야 한다. $x \geq 4.4413$이면 $x^2 + 2 < 2^x$이므로 정수가 그 회사에 5년 이상 근무할 예정이라면 정수의 결정이 옳으며 5년 미만 근무할 예정이라면 정수가 결정을 잘못 내린 것이다($x$는 자연수: 근무 년수가 1년 미만은 버린다고 했음).

## 삼각함수(1)

중학교에서 삼각함수는 삼각비에서 확장한 것으로 각의 크기를 도(°)로, 각의 범위도 0에서 360까지로 한정된다. 그러므로 중학교 수준에서는 삼각함수의 주요 특징인 주기성을 충분히 살펴볼 수 없다. 중학교에서는 각 삼각함수 그래프의 개형을 관찰하고 각 그래프의 최대, 최소, 대칭성에 주목하는 정도로 다루기로 한다(닮음과 관련하여 삼각비를 응용하여 해결할 수 있는 문제, 즉 삼각비로 해결할 수 있는 문제는 다루지 않았다).

## 22. $y=\sin x$, $y=\cos x$, $y=\tan x$ 의 그래프(1)

(1) **활동목표**: 삼각함수의 대응표를 만들어 그래프를 그리고, 각 함수의 그래프의 개형을 관찰한다.

(2) **활동전개**: 정의역이 이산적인 경우, 15도 간격으로 대응표를 만들어 함숫값의 특징을 살펴보고 삼각함수의 그래프를 이산적인 점들로 그린다(그래프의 모양이 직선이 아니므로 점의 개수가 적은 경우에는 몇 개의 이산적인 자료로부터 정의역이 연속인 경우의 그래프를 예측하기 쉽지 않다). $x$ 간격을 보다 작게 설정하여 그래프를 그리고(점으로 나타내고) 계산기의 연속그리기(G-CON)로 그래프 개형을 알아본다.

(3) **활동의 초점**: 정의역의 원소 $x$는 각의 크기를 도( $^\circ$ )로 나타내고 있으며 $x$값의 범위는 0부터 360까지이다.

(4) **활동상의 주의점**: 이 활동은 단계 4의 환경설정이 특히 중요하다. 화면에 그래프가 분명하게 나타나지 않으면 환경설정이 잘못되었는가를 확인하게 한다. [SETUP]에서 각(Angle)을 도(DEG)로, V-Window의 $x$, $y$범위를 각각 [0, 360], [-3, 3]로 설정해야 한다.

## 23. $y=\sin x$, $y=\cos x$의 그래프 (2)

(1) **활동목표**: [GRAPH] 모드에서 sine과 cosine 함수의 그래프를 각 그래프 특징을 탐구한다.

(2) **활동전개**: 각 그래프에서 함숫값이 0이 되는 경우, 함숫값의 부호가 각각 양 또는 음이 되는 경우, 최대, 최소, 대칭성 등을 관찰한다.

(3) **질문**: (12) 그래프 모양이 같으나 하나가 다른 하나를 평행이동한 것과 같다.
(13) $\sin(90+x)=\cos x$임을 계산기에 그려진 그래프를 비교하여 추측하게 한다.
(14) 두 함수의 그래프를 그려서 (13)의 추측을 확인하게 한다.

## 24. $y=\tan x$의 그래프

(1) **활동목표**: [GRAPH] 모드에서 tangent 함수의 그래프를 그리고 그래프 특징을 탐구한다.

(2) **활동전개**: [GRAPH] 모드에서 $y = \tan x$의 그래프를 그리고 함숫값이 0이 되는 경우, 함숫값의 부호가 각각 양 또는 음이 되는 경우, 최대, 최소, 대칭성 등을 관찰한다. 특히 $x = 90$, 270도인 경우에는 tangent값이 정해지지 않음에 주목하게 한다.

(3) **질문**: (3) 둘다 없음. (4) $0°$, $x < 90°$, $180° < x < 270°$일 때 $y > 0$이다.

## 삼각함수(2)

각의 크기를 라디안으로 나타내며, 일반각에 대한 삼각함수를 다룬다는 점에서 중학교에서의 삼각함수 접근과 차이가 있다.

### 25. $y = A\sin x (A \neq 0)$의 그래프

(1) **활동목표**: $y = A\sin x$그래프의 특징을 조사한다.

(2) **활동전개**: [GRAPH]모드에서 $-4\pi \le x \le 4\pi$일 때, $y = \sin x$, $y = 2\sin x$, $y = 3\sin x$의 그래프를 그려서 이들 사이의 공통점과 차이점을 찾아봄으로써 $y = A\sin x$ 그래프의 특징(대칭성, $x$축과 만나는 점, 최댓값, 최솟값, 주기성, 진폭 등)을 조사한다. 발견한 바를 바탕으로 $y = 3\sin x$, $y = -\sin x$의 그래프를 좌표평면에 그려 본다.

(3) **활동상의 주의점**: 일반각을 취급하면서 삼각함수는 주기함수의 특징이 드러나게 된다. 활동을 통하여 삼각함수의 주기성에 주목할 수 있게 한다. 계산기는 소수 형태의 값을 표시하므로 계산기 글자판에서 $\pi$를 입력하여도 계산기에는 3.1415926⋯과 같이 나타난다는 점을 인식해야 하며, 그래프 모양이 분명하게 나타나지 않으면 각도가 라디안(RAD)으로 설정되어 있는지와 V-Window 설정을 확인한다.

(4) **질문**: (3) 원점을 중심으로 점대칭이다. (4) 0, 3.141593, 6.28318, ⋯ (7) 진폭이 크다.

## 26. $y = A\cos x\,(A \neq 0)$의 그래프

(1) **활동목표**: $y = A\cos x$그래프의 특징을 조사한다.

(2) **활동전개**: [GRAPH] 모드에서 $-4\pi \leq x \leq 4\pi$일 때, $y = \cos x$, $y = 2\cos x$, $y = 3\cos x$의 그래프를 그려서 이들 사이의 공통점과 차이점을 찾아봄으로써 $y = A\cos x$ 그래프의 특징(대칭성, $x$축과 만나는 점, 최댓값, 최솟값, 주기성, 진폭 등)을 조사한다. 발견한 바를 바탕으로 $y = A\cos x$의 그래프를 좌표 평면에 그려본다.

(3) **활동상의 주의점**: $y = A\sin x$의 그래프 참조.

## 27. 활동명: $y = \sin Bx$, $y = \cos Bx$, $y = \tan Bx\,(B \neq 0)$의 그래프

(1) **활동목표**: $y = \sin Bx$, $y = \cos Bx$, $y = \tan Bx\,(B \neq 0)$의 그래프 특징을 조사한다.

(2) **활동전개**: [GRAPH] 모드에서 $-4\pi \leq x \leq 4\pi$일 때, $y = \cos x$, $y = 2\cos x$, $y = 3\cos x$의 그래프를 그려서 이들 사이의 공통점과 차이점을 찾아봄으로써 $y = A\cos x$ 그래프의 특징(대칭성, $x$축과 만나는 점, 최댓값, 최솟값, 주기성, 진폭 등)을 조사한다. 발견한 바를 바탕으로 $y = A\cos x$의 그래프를 좌표평면에 그려 본다.

(3) **활동상의 주의점**: $y = A\sin x$의 그래프 참조.

## 28. 삼각함수 $y = A\sin Bx$, $y = A\cos Bx$, $y = A\tan Bx\,(B \neq 0)$의 그래프

(1) **활동목표**: $y = A\sin Bx$, $y = A\cos Bx$, $y = A\tan Bx\,(B \neq 0)$의 그래프 특징을 조사한다.

(2) **활동전개**: [GRAPH] 모드와 [DYNA] 모드에서 $y = A\sin Bx$, $y = A\cos Bx$, $y = A\tan Bx\,(B \neq 0)$의 그래프를 그려서 그래프의 특징(대칭성, $x$축과 만나는 점, 최댓값, 최솟값, 주기성, 진폭 등)을 조사한다. 여기에서 발견한 바를 기초로 그래프가 주어진 삼각함수의 식을 찾는다.

(3) **탐구 및 발전과제**

2. $y = \sin(-x)$의 그래프는 $y = \sin x$의 그래프와 $x$축에 대해 대칭관계에 있음.

8. (1) 주기 $\pi$, 진폭 3, 식 $y = 3\cos(2x)$ (2) 주기 $4\pi$, 진폭 3, 식 $y = 3\sin(x/2)$, (3) 주기 $\pi$, 진폭 2, 식 $y = 2\sin(-x)$ (또는 $y = 2\sin(x-2)$ 등) 주어진 그래프의 식을 한 가지 이상 찾아보도록 격려한다.

## 29. 삼각함수의 평행이동

(1) **활동목표**: $y = A\sin B(x-C)$, $y = A\cos B(x-C)$, $y = A\tan B(x-C)(B \neq 0)$의 그래프를 그래프에 관련하여 ($x$축 방향으로의) 평행이동의 관점에서 특징을 조사한다.

(2) **활동전개**: [DYNA]모드에서 $y = A\sin B(x-C)$, $y = A\cos B(x-C)$, $y = A\ \tan B(x-C)(B \neq 0)$의 그래프의 특징을 관찰한다. 주기, 진폭, 최댓값, 최솟값에 변화가 있는가를 살핀다.

# 문제해결

## 30. "매일 일당을 올려 줍니다!"

(1) **활동목표**: 함수 $y = \left(1 + \dfrac{2}{x}\right)^x (x > 0)$이 증가함수이지만 그 값이 2.72을 넘을 수 없음을 알고 이를 문제해결에 활용하게 한다.

(2) **활동전개**: [Table] 모드에서 $y = \left(1 + \dfrac{2}{x}\right)^x (x > 0)$의 함숫값을 표로 작성하고 [Trace] 기능을 활용하여 $x$의 증가에 따른 $y$값의 크기 변화를 관찰한다. 이 함수에 관한 심층적인 탐색은 활동 32에 계속된다.

(3) **탐구 및 발전과제**

(1) 근무 일수가 증가함에 따라 일당이 증가하는 것을 보려면 그래프에서 [Trace] 기능을 활용한다.

(2) 옮기면 안 된다. 물론 매일 일당이 증가하는 것은 사실이나 근무일수가 많아질수록 증가하는 비율이 크게 작아지고 일당은 일정금액을 넘지 못한다.

## 31. 이상한 함수

(1) **활동목표**: 함수 $y = \left(1 + \dfrac{2}{x}\right)^x (x > 0)$의 특징을 탐구한다.

(2) **활동전개**: [Table] 모드에서 $y=\left(1+\dfrac{2}{x}\right)^{x}(x>0)$의 함숫값을 매우 큰 수 $x$에 대해 표로 작성하여 그래프를 그려서 이를 관찰한다. 또 [Graph] 모드에서 같은 그래프를 그리고 $y=3$의 그래프와 교점이 있는가를 찾는다. $x$가 무한히 커질 수록 $\left(1+\dfrac{2}{x}\right)^{x}$의 값은 증가하는데 그 극한값은 $x$가 0에 가까워질 때 $(1+x)^{\frac{1}{x}}$의 극한값과 같음을 이해하고 그 값이 $e$임을 알게 한다.

## 극좌표로 나타난 함수

### 32. 극좌표의 이해

(1) **활동목표**: 극좌표를 이해하고 간단한 극방정식의 그래프를 그린다.

(2) **활동전개**: 극좌표로 나타난 점을 좌표평면에 나타내고, 한 점을 여러 가지 모양의 극좌표로 나타낼 수 있음을 알게 한다. $r=\theta$, $r=a$의 그래프가 각각 직선, 원이 됨을 이해한다. $\theta$ 나 $a$값이 음수인 경우에 어떤 의미를 갖는지를 알고 그래픽계산기에서 뿐만 아니라 지필 환경에서 좌표평면에 그래프를 그리도록 한다.

(3) **활동의 초점 및 주의점**: 극좌표계의 이해가 이 활동의 초점이다. 각도가 라디안으로 설정되어 있는지를 반드시 확인한다.

(4) **질문** (2)

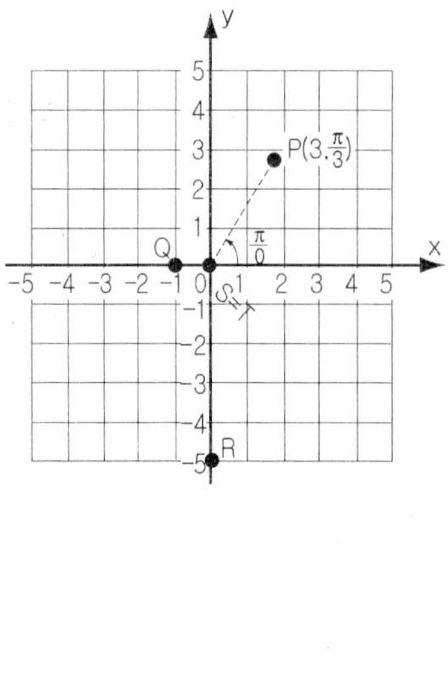


(3)

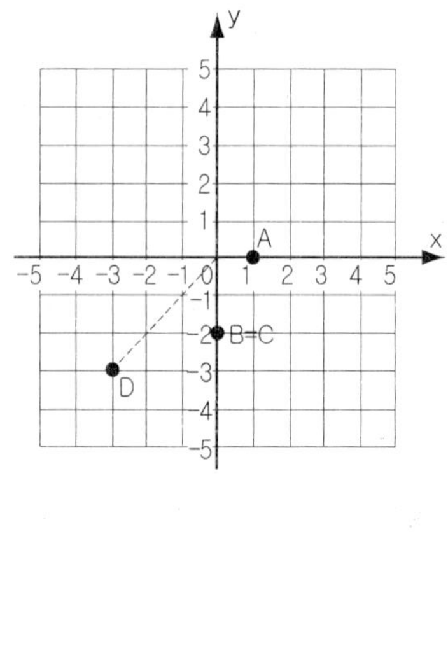

(6) 원점을 지나는 직선. $r=\theta$의 그래프와 $r=2\pi\pm\theta$의 그래프는 동일하다.

### (5) 탐구 및 발전과제

1. (1) $r=2\theta$의 그래프는 원점을 지나는 직선 $r=\theta$를 원점을 중심으로$\theta$ 만큼 회전시킨 직선이 된다. (2) $r=-\theta$의 그래프는 원점을 지나는 직선이며 $r=\theta$의 그래프와 같다.
2. (3) $r=-3$의 그래프는 원점을 중심으로 하고 반지름이 3인 원으로 $r=3$의 그래프와 동일하나 그래프가 그려지는 순서가 다르다. $\theta$가 0부터 점차 커질 때, $r=3$의 그래프는 (3, 0)부터 반시계반향으로 그려지나 $r=-3$는 $(-3, 0)=(3, \pi)$부터 같은 방향(반시계방향)으로 그려진다.

## 33. $r=\cos\theta$의 그래프

**(1) 활동목표**: $r=\cos\theta$의 그래프를 관찰하고 그래프의 특징을 관찰한다.

**(2) 활동전개**: [Table] 모드에서 대응표를 만들어 극방정식$r=A\cos\theta$의 그래프를 단계적으로 그려서 그래프의 특징을 살펴본 후, [Graph] 모드에서 $r=A\cos\theta$의 그래프를 그린다. 또 지필 환경에서 $r=A\cos\theta$의 그래프를 그리도록 한다.

**(3) 활동의 초점 및 주의점**: 극좌표가 고등학교 과점에 나와 있으나 심도 있게 다루지 않고 있으며 대부분 대학 1학년「미적분」강의에서 극방정식의 그래프개형을 그리도록 한다. 그러나 이 문제와 같은 경우 계산기를 사용하지 않고는 함숫값을 구하기 어려우므로 함숫값의 증가 감소만 가지고 대략적인 개형만 그려서 특징을 살펴보고 있으며, 따라서 그래프의 모양도 정확하게 그려지지 않는다. $r=A\cos\theta$의 그래프는 원점을 지나며 지름이 $x$축 양의 방향에 놓이는 원($A>0$일 때)이다. 여기에서 $A$는 원의 지름의 크기를 결정하며 $A$가 음수이면 지름이 $x$축 음의 방향에 놓인다.

$r=A\cos\theta$의 그래프가 원이 되므로 이 활동에서는 그래프 모양이 제대로 나타나기 위해서 V-Window 설정이 매우 중요하다. 즉 $x$, $y$축의 눈금 간격이 동일하게 설정되어야 한다. 그러므로 Dual Screen의 경우에는 ($x$의 범위) : ($y$의 범위)를 1 : 1로 그래프가 화면 전체에 그려질 경우에는 ($x$의 범위) : ($y$의 범위)를 2 : 1로 하는 것이 좋다. 또 V-Window에서 $x$, $y$의 범위 뿐 아니라 $\theta$의 간격도 조밀하게 설정해야 그래프 모양이 완만하게 그려짐에 유의한다.

$\theta$의 범위에 따라 원호의 일부가 그려지기도 하고, 그래프가 겹치기도 한다.

$0 \le \theta \le \pi$일 때, 원점을 지나고 중심이 $(A/2, 0)$인 원.

$0 \le \theta \le 2\pi$일 때, 원점을 지나고 중심이 $(A/2, 0)$인 원으로 위와 동일하나 그래프가 두 번 겹쳐진 것임에 유의하여야 한다.

$0 \le \theta \le 4\pi$: 원점을 지나고 중심이 $(A/2, 0)$인 원(2번 겹쳐짐).

$r = \sin x$의 그래프로 활동을 확장할 수도 있다. 이 때 그래프도 원이 되는데 지름의 위치가 $r = \cos x$의 그래프와 다르다. 이 두 그래프는 원점을 중심으로 90도 회전이동한 관계에 있는데 왜 그렇게 되는지를 탐구하도록 과제를 제시할 수도 있을 것이다.

## 34. $r=A\cos b\theta$ ($b$는 정수)의 그래프

(1) **활동목표**: $r = \cos\theta$의 그래프를 관찰하고, 그 그래프의 특징을 관찰한다.

(2) **활동전개**: [Graph] 모드에서 $r = A\cos B\theta$의 그래프를 그리고 그래프의 특징을 관찰한다. 또 지필 환경에서 $r = A\cos B\theta$의 그래프를 그리도록 한다. $r = \cos 2$의 그래프, 소위 'four-leaved rose'라는 꽃잎모양의 그래프부터 시작한다.

(3) **활동의 초점 및 주의점**: $B$의 크기에 따라 꽃잎이 몇 개 그려질 것인가를 먼저 예측할 수 있도록 한다. $B$가 자연수일 때 뿐 아니라 분수인 경우로까지 활동을 확장할 수 있으며, $B$가 음수인 경우 그래프가 어떻게 될 것인가를 추측하게 하는 활동은 문제해결과 귀납추론에 매우 유용하다.

활동에서는 그래프 모양이 제대로 나타나기 위해서 V-Window 설정이 매우 중요하다. 즉 $x$, $y$축의 눈금간격이 동일하게 설정되어야 한다. 그러므로 Dual Screen의 경우에는 ($x$의 범위) : ($y$의 범위)를 1 : 1로 그래프가 화면 전체에 그려질 경우에는($x$의 범위) : ($y$의 범위)를 2 : 1로 하는 것이 좋다. 또 V-Window에서 $x$, $y$의 범위 뿐 아니라 $\theta$의 간격도 조밀하게 설정해야 그래프 모양이 완만하게 그려짐에 유의한다.

# 부록 2

# 그래픽 계산기 익히기

# 2 그래픽 계산기 익히기

본 저서의 활동에서 사용하고 있는 계산기는 CASIO의 CFX-9850G PLUS로 CFX-9860과 거의 동일하다. 계산기 기종에 따라 사용법이 약간의 차이는 있으나 다른 기종으로도 본 저서의 활동을 무리없이 수행할 수 있다.

## 1. 계산기의 키

CFX-9850G PLUS는 키의 색으로 구분할 때, 모두 5가지 종류의 키가 있다.

**(1) 회색 키(3개):**

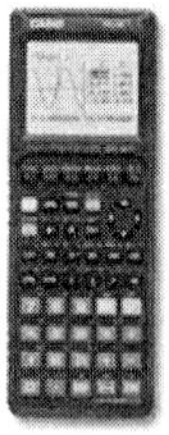

MENU 메뉴를 나타내는 초기화면으로 가기
DEL 커서가 있는 부분을 지우기
AC/ON 켜고 끄기 및 문제해결키

**(2) 청색 키(1개):**

EXE 실행키

**(3) 주황색, 빨간색 키(각 1개씩):**

주황색 키 Shift와 빨간색 키 ALPHA는 보조 기능키로 각각 계산기 몸체에 주황색 또는 빨간색으로 기록된 기능을 수행할 수 있게 한다. 이 보조기능키를 먼저 누른 후, 다른 키를 눌러야 한다.

**(4) 일반키(38개)**

흰색 또는 검정색 키로, 누르는 부분에 숫자, 함수, 기호 등 기능이 기록되어 있다. Shift 또는 ALPHA키와 함께 사용하면 키캡 상단 계산기 몸체 위에 기록된 기능을 각각 수행한다.

**(5) 기능키(F1–F6)**

화면 바로 아래 위치한 F1부터 F6까지 모두 6개의 키로서 기능키라고도 부르며, 계산기 화면 하단에 메뉴가 표시되는 경우 해당 기능을 선택하는 데 사용한다.

## 2. 계산기 사용에 앞서

처음으로 계산기를 사용할 때는 계산기를 리셋(reset)하여 초기 상태로 돌려 놓고 사용하는 것이 좋다. 이미 계산기에 여러 가지 자료가 저장되어 있을 때, 기억용량을 많이 필요로 하는 활동들이 계산기의 용량 부족으로 실행되지 않을 경우가 있기 때문이다.

### ■ 계산기를 초기화(리셋)하는 방법은 다음과 같다.

<table>
<tr><td>1) [MENU]키를 누른다.</td><td>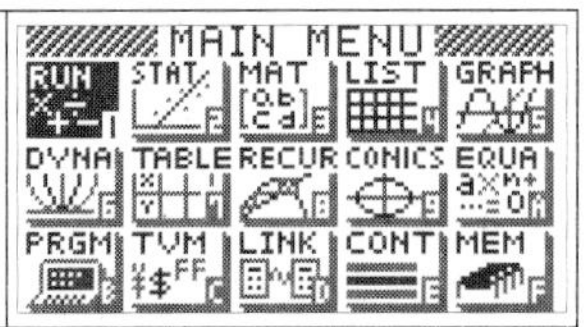
</td></tr>
<tr><td>2) ▲ ▼ ◀ ▶를 사용하여 (MEM) 아이콘으로 이동하여 [EXE]를 누른다.</td><td>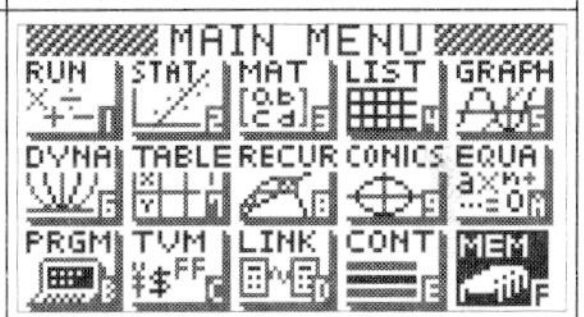
</td></tr>
<tr><td>3) 커서를 Reset 으로 이동하고 [EXE]를 누른다.</td><td>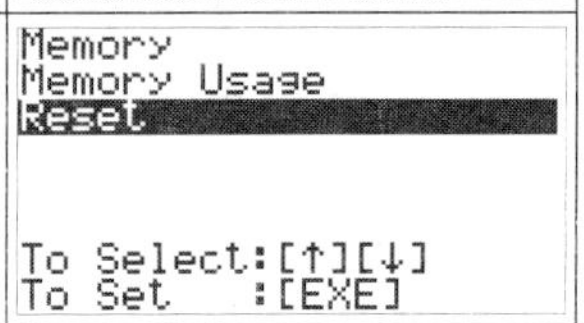
</td></tr>
<tr><td>4) (YES)(F1)키를 눌러 모든 메모리가 재설정되도록 한다.</td><td>
</td></tr>
</table>

## 3. 계산기의 기본 키 (1) 기능

### ■ 전원 켜기(끄기)AC/ON (Shift AC/ON)

- 켜기(ON) : AC/ON을 누른다.
- 끄기(OFF): Shift AC/ON을 누른다.

※ 어떠한 키도 조작하지 않고 기기를 방치하면, 몇 분 후에 자동적으로 전원이 꺼진다.

### ■ MENU [MENU]

주 메뉴가 아이콘으로 표시되어 있는 초기화면으로 돌아간다.

초기화면에서 ▲ ▼ ◀ ▶를 사용하여 메뉴를 선택한 후 EXE를 누르거나 메뉴 아이

콘에 쓰인 숫자나 문자를 누르면 해당 메뉴를 사용할 수 있다.

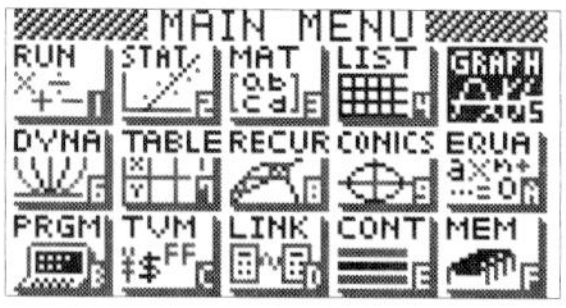


- RUN (계산)
- STAT (Statistics 통계)
- MAT (Matrix 행렬)
- LIST (표)
- GRAPH (그래프)
- DYNA (Dynamic Graph 동영상 그래프)
- TABLE (대응표)
- RECUR (Recursion 점화식)
- CONICS (Conic sections 원추곡선)
- EQUA (Equation 방정식)
- PRGM (Program 프로그래밍)
- TVM (금융 모드)
- LINK (자료/이미지 교환)
- CONT (Contrast 화면조정)
- MEM (메모리 관리)

■ **보조 기능키 [Shift] / [ALPHA]**

- [Shift]는 계산기 키 위에 있는 주황색으로 씌어진 기능을 선택하는 데 사용한다. 예를 들면 [Shift]와 [AC/ON]을 함께 누르면 [AC/ON] 상단에 씌인 주황색 글씨대로 계산기가 꺼진다(OFF).
- [ALPHA]키는 계산기 키 위에 있는 보라색으로 씌어진 알파벳을 입력할 때 사용한다. A-LOCK ([Shift] [ALPHA])은 알파벳 문자 입력 상태가 고정된다. 따라서 연속적으로 알파벳을 입력할 수 있으며, 해제할 때에는 [ALPHA]키를 다시 한 번 누르면 된다.

■ **이전 화면으로 가기** [EXIT]

직전 화면으로 돌아가게 하는데, 직전 화면이 MENU 화면인 경우에는 [MENU]를 눌러야 한다.

■ **화면지우기/ 오류 해결키** [AC/ON]

[AC/ON]은 계산기를 켜거나 끄는 기능 이외에,

(1) [Run] 메뉴에서 화면을 지울 때 사용한다.

(2) 오류 발생시 [AC/ON]을 누르면 오류 표시가 사라지고 계속 조작을 할 수 있다.

(3) 계산기가 그래프를 그리거나 계산을 하는 등 작업을 수행중일 때(※), 작업을 중단하려면 [AC/ON]을 누르면 된다. [AC/ON]을 다시 한 번 누르면, 다른 조작을 할 수 있다.

※ 계산기 화면 상단에 ■모양이 나타나 있을 때는 계산기가 작업을 수행하는 중입니다. 이때 [AC/ON]을 누르면 작동이 중단된다.

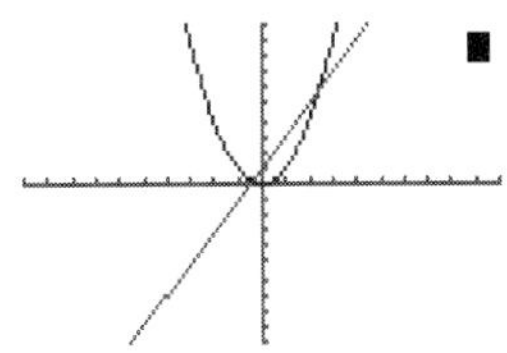

이 화면은 그래프를 그리는 작업을 계속 중임을 나타낸다. 계산의 경우에도 계산기 상단에 ■모양이 나타나면 작업 중임을 의미한다.

■ **이동키** [▲][▼][◀][▶]

계산기 화면에서 커서를 상, 하, 좌, 우로 이동할 때 사용한다.

■ **옵션키** [OPTN]

옵션(선택)키는 이 계산기에서 키 및 계산기 몸체 위에 씌어 있는 기능 이외의 내장함수들을 사용할 수 있게 한다. OPTION을 선택하여 사용할 수 있는 메뉴는 선택한 주메뉴에 따라 조금씩 달라질 수 있다.

예 1) 계산메뉴[Run]에서의 Option:14가지

LIST/ MATRIX/ 복소수/ 미적분/ 통계/ 색 지정/ 쌍곡선 함수/ 확률계산(PROB)/ 수치계산(NUM)/ 각도변화/ ESYM/ 그림관리/ 함수저장/ 논리(ANGL)

예 2) 통계메뉴[Stat]에서의 Option:10가지, 등

상세한 옵션 내역은 사용설명서를 참조바랍니다.

■ **SET UP** [Shift][SETUP]

사용중인 모드(주메뉴)가 현재 설정되어 있는 상태를 보여 주고, 설정 상태를 수정할 수 있게 한다. 선택한 메뉴에 따라 내용 목록이 다르게 나타납니다.

| 메뉴 5번(GRAPH)을 사용중일 때 | | | 메뉴4번(LIST)... | 메뉴7번 (TABLE) |
|---|---|---|---|---|
| 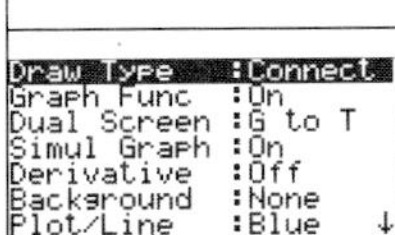 | 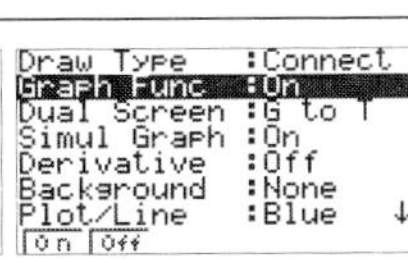 | 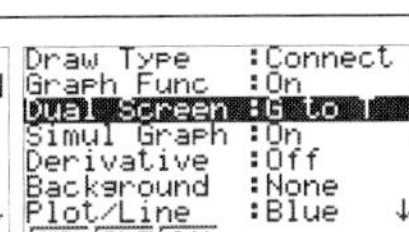 | 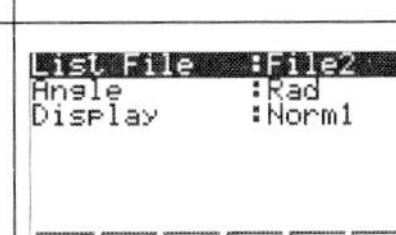 | … |
| ☆ 이동키(◀▶▲▼)를 사용하여 커서를 이동하면 각 내용에 관하여 현재의 설정상태가 나타나고 하단의 옵션을 화면 바로 아래 위치한 기능키(F1 F2…)를 사용하여 설정을 바꿀 수 있다. | | | | |

■ **변수키** [VARS]

변수 자료들을 관리하는 키로서 다음과 같은 데이터를 불러 내서 사용할 수 있다. V-Window 값/ 확대, 축소비율/ 1변수 또는 2변수 통계자료/ 그래프함수식/ 다이나믹 그래프의 그리기 조건/ 테이블과 그래프 기능의 수표범위와 내용/ 점화식의 식, 수표범위, 수표내용/ 방정식의 계수, 해 등

■ **지우기/삽입** [DEL]/ [Shift](INS)

커서가 위치한 뒤의 글자를 지우거나 커서가 위치한 곳에 값을 삽입할 때 사용한다.

■ **직전 계산결과** [Shift](ANS)

바로 직전에 구한 결과를 기억하는 기능입니다. 최신의 계산 결과를 확인하고 싶을 때나, 최신의 계산결과를 사용해 더욱 새로운 계산을 행하고자 할 때 사용하면 편리하다.

## 4. 기본 계산 메뉴 1번(RUN)

메뉴얼 계산을 할 때에는 종이에 적어 놓은 대로 계산식을 입력해서 한 번에 계산하는 것이 가능하다. 그리고 사칙 혼합계산이나 괄호계산에는 자동적으로 우선 단위를 판단해서 계산한다.

단, 음수를 입력할 때, 음수부호는 (−)키를 사용하여 입력해야 한다.

■ **분수 및 지수 입력** $a^{b/c}$/ 또는 ÷

1) 분수입력

• $a^{b/c}$ 을 사용하여, 분수 형태 그대로 계산하고 답을 구할 수 있다.

예를 들어 분수 $\frac{2}{3}$를 입력할 때에는 2 $a^{b/c}$3 의 순서로 입력한다. 이 때, "⌟ "를 이용해서"2⌟ 3"으로 표시된다.

• 또는 $\frac{2}{3}$ 를2 ÷ 3 으로 입력한다. 이 때, 화면에는 "2÷3"으로 표시된다.

2) 지수입력

지수는 (∧)키를 이용하여 입력한다.

예를 들어 $1250\times2.06^5$ 를 계산하려면 AC/ON 1250×2.06 ^5 (EXE)를 차례로 누른다.

■ REPLAY 기능 [◀ ]또는[▶] 사용

계산을 실행한 후에 ◀ 또는 ▶를 누르면 직전에 실행한 계산식을 불러 올 수 있다.

불러 낸 계산식은 변경해서 실행할 수 있다.

■ **내장함수의 활용** **(OPTN)키 사용**

OPTN을 누르면 본 기기의 키 및 본체 위에 인쇄되어 있는 기능 외에 다양한 함수를 사용할 수 있다.

예) 12!을 계산하려면

AC/ON 12 OPTN [F6](▷) [F3](PROB) [F1](x!) (EXE)를 차례로 누른다.

## 5. 계산기의 키 (2) 그래프 관련 주요 사항

함수식의 그래프를 직교 좌표계 또는 극 좌표계 등에 의해 그릴 수 있다.

(참고로 그래프를 그릴 수 있는 함수식의 종류는 직교좌표식/ 극좌표식/ 매개변수로 나타낸 함수식/ 음함수(이차곡선 등)/$x=$상수/ 부등식의 영역/ 적분/ 도함수 등이다.)

■ **변수($x$, $\theta$, $t$ )입력** (X,θ,T)

그래프나 테이블 등의 메뉴에서 함수식에서 변수 $x(\theta, t)$를 입력할 때는 반드시 ((X,θ,T))키를 사용해야 한다.(알파벳 X나 T를 입력하면 오류가 발생함). 이미 선택한 함수식 형태에 따라 X, $\theta$, T 중 하나가 계산기 창에 입력된다.

■ **그래프 창의 범위 설정** [Shift] V−Window

그래프 화면에 표시되는 $x$축과 $y$축(또는 T, $\theta$)의 범위 및 축에 표시되는 눈금의 간격을 설정해준다.(참고로 그래프창의 가로와 세로의 비는 2 : 1이다.)

(1) 그래프 창의 범위 설정에 따라 창에 나타나는 그래프의 모양이 달라지므로 그래프창의 설정이 매우 중요하다. 예를 들면, V-Windows를 아래와 같이 달리 설정한 경우에 $y=2x$ ($x$는 수)의 그래프는 각각 오른쪽 그림과 같이 그려집니다.

| | 설정 내역 | V-Windows 설정 화면 | 계산기 화면의 그래프 |
|---|---|---|---|
| ① | $-10 \leq x \leq 10$<br>$-10 \leq y \leq 10$<br>$x$, $y$ 눈금간격: 1<br>(표준설정: STD) | 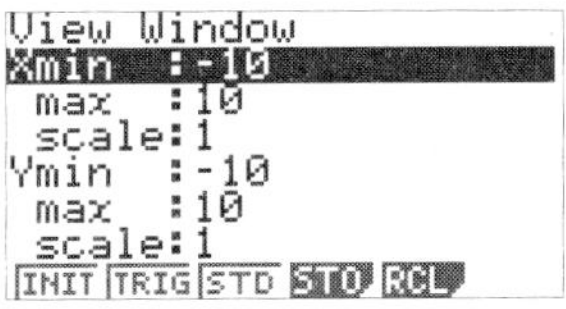 | 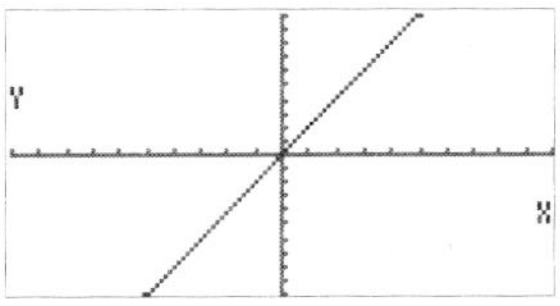 |
| ② | $-10 \leq x \leq 10$<br>$-10 \leq y \leq 10$<br>$x$, $y$ 눈금간격: 2 | 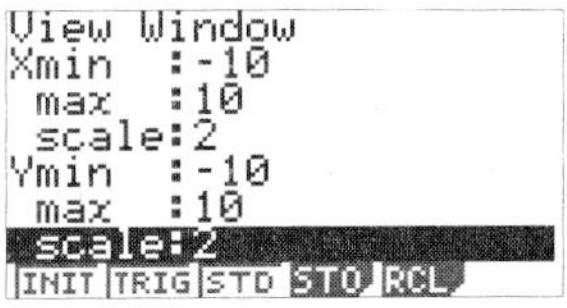 | 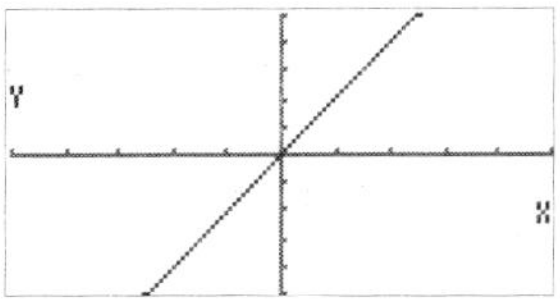 |

| | 설정 내역 | V-Windows 설정 화면 | 계산기 화면의 그래프 |
|---|---|---|---|
| ③ | $-10 \le x \le 10$<br>$-5 \le y \le 5$<br>$x, y$ 눈금간격: 1 | 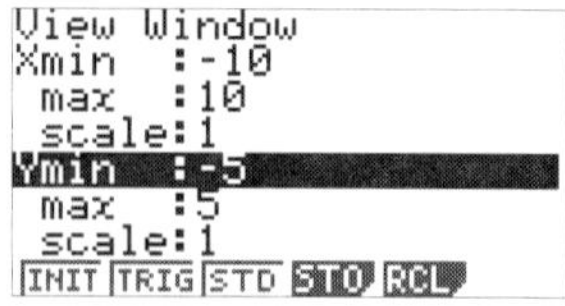 | 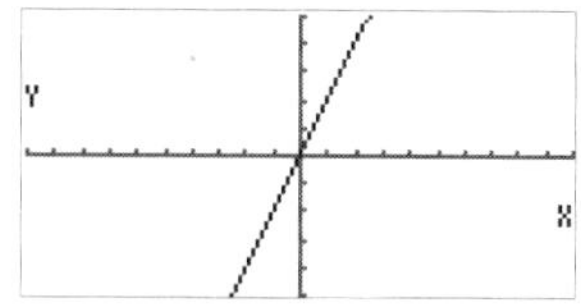 |
| ④ | ①과 동일하나<br>Dual Screen으로 설정<br>(SETUP 참조) | 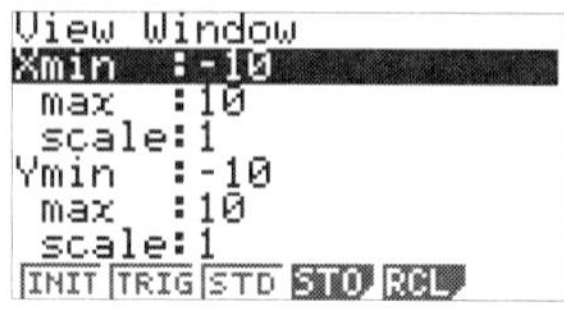 | 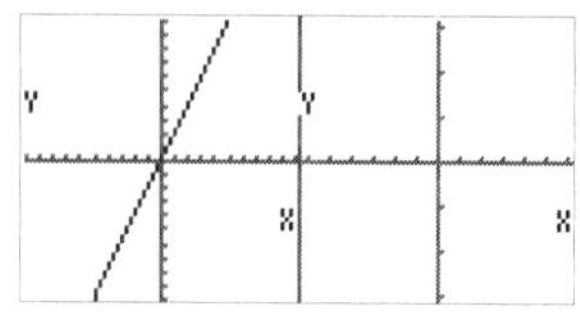 |

(2) 해당 주메뉴에서 설정한 그래프 창은 그 메뉴 내에서 그려지는 그래프에만 적용된다. 그러므로 주메뉴 5번(GRAPH)에서의 그래프 창과7번(TABLE)에서의 그래프 창을 다르게 설정할 수 있다.

## 6. 그래프 기능 메뉴 5번(GRAPH)

메뉴 5번(GRAPH)를 선택하고 EXE를 누르면 함수식 입력창이 나타나고 여러 가지 함수식 형태를 지정하여 입력이 가능하고 그래프를 그릴 수 있다. 또 그래프의 극값, $x$절편, $y$절편 등을 구할 수 있다.

### ■ 함수식 형태 지정

계산기에 자동으로 설정되어 있는 형태는 직교좌표계(그림 1)이며, 극좌표 또는 매개변수 형태로 함수식을 입력하려고 할 때는 함수식 입력창에서 지정할 수 있다.

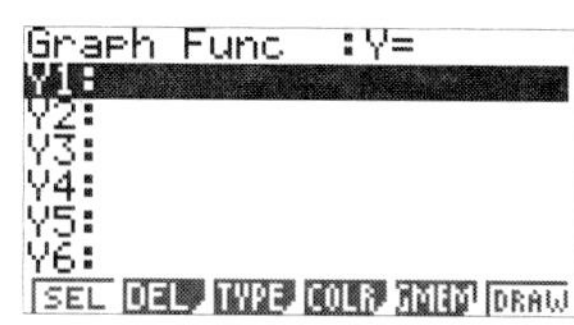


그림 1 직교좌표계

(예) 그림 1의 계산기 창에서 TYPE(F3)를 누르면 그림 2와 같이 네가지의 함수 형태 옵션이 나타나고 여기에서 Y=(F1), r=(F2), 매개변수(F3), X=C(F4) 중 하나를 선택할 수 있다. 그림 3은 여기에서 극좌표계r=(F2)를 선택하였을 때 나타나는 화면입니다.

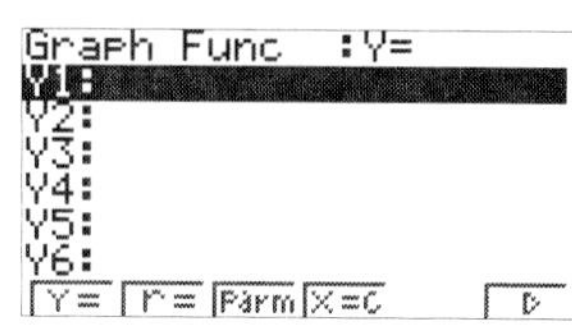


그림 2 함수 형태 옵션

## ■ 그래프의 색 지정

Shift (Trace: F1)

하나 또는 여러 그래프를 그릴 때 사용자가 각 그래프에 대하여 색을 세가지 중 하나로 지정할 수 있다. 예를 들어 $y=x^2$, $y=2x+1$, $y=-x$의 그래프를 그리기 위하여 함수식을 입력하였을 때, 다음과 같은 방법으로 각각의 그래프를 파랑색, 주황색, 초록색으로 그릴 수 있다.

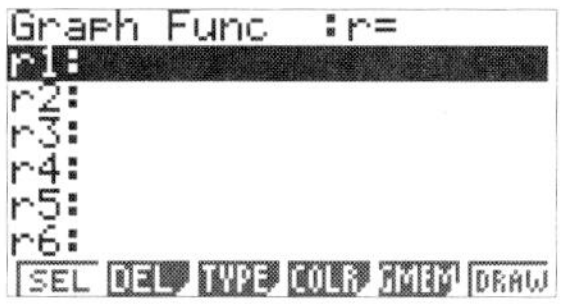


그림 3 극좌표계

→ 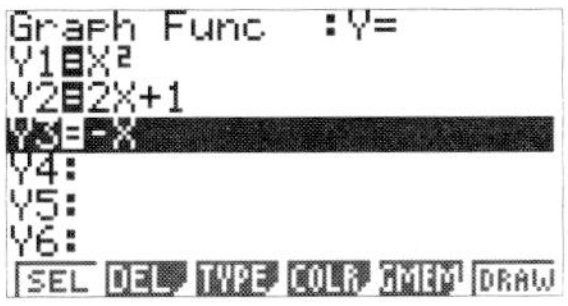


COLR(F4)를 누른다.

→ 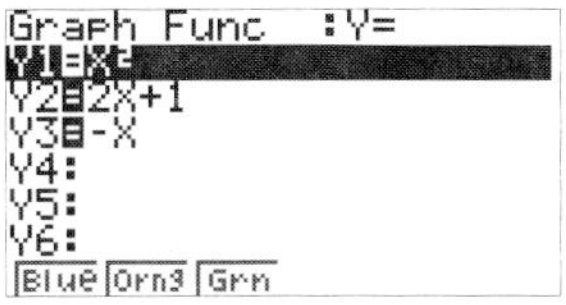


커서를 Y1에 이동하고 BLUE(F1)

→ 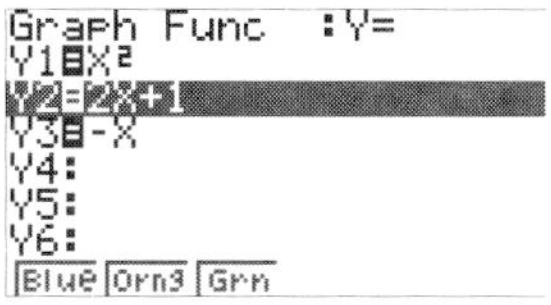


커서를 Y2에 이동하고 Orng(F2)

→ 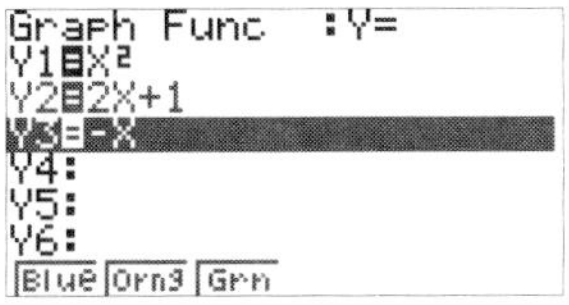


커서를 Y3에 이동하고 Grn(F3)

→ EXE Draw(F6) →

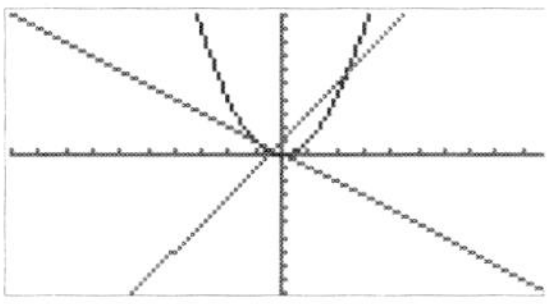

Y1, Y2, Y3의 그래프가 각각 다른 색으로 그려진다.

## ■ 그래프의 점의 좌표 추적(Trace)

Shift (Trace: F1)

그래프가 창에 그려진 상태에서 Shift (Trace: F1)를 누르고 이동키(▲▼◀▶)로 이동하면 +자 모양의 커서가 그래프 위의 각 점을 이동하며 점의 좌표를 화면 하단에 표시해 준다.

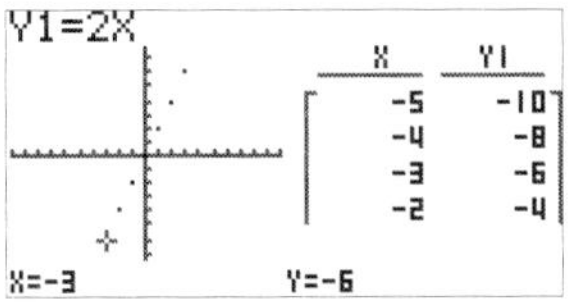


이 그림은 창을 이등분(Dual Screen)하여 그래프를 그린 상태에서 그래프 점의 좌표를 추적하는 화면이다.
+자 모양의 점의 좌표가 $x=-3$, $y=-6$임을 나타내고 있다.

## ■ BOX ZOOM 기능

Shift Zoom(F2) Box(F1)

그래프가 그려진 상태에서 확대하고 싶은 그래프 근방을 박스모양의 테두리로 둘러싸고, 화면의 크기까지 확대할 수 있다.

① Shift F2(Zoom) F1(Box)를 누른다.

② ◀ ▶ ▲ ▼를 누르고, 확대하고 싶은 박스모양의 대각의 한점에 포인트를 이동시켜 EXE를 누른다.

③ ◀ ▶ ▲ ▼를 누르고, 박스모양의 다른 한쪽의 대각에 포인트를 이동시켜 사각의 틀을 만든다.

④ (EXE)를 누른다.

■ **듀얼(Dual) 그래프 기능** **[Shift] SET UP에서 조정**

주메뉴를 선택하고 난 후에, [Shift] SET UP을 누르고 Dual Graph 옵션을 찾아 지정하면 된다.

그래프 화면을 좌우 둘로 나누어 각각 한쪽에 표와 그래프를 그리거나, 또는 좌우에 두 개의 그래프를 동시에 표시할 수 있다. 이 때 좌측의 화면은 주그래프 화면으로 등록되어 있는 함수식의 그래프를 그린다.

우측의 그래프의 화면은 부그래프(sub graph) 화면으로 주그래프 화면에 그린 그래프를 복사하거나 확대, 축소한 결과 등을 그린다. 또한 주그래프 화면과 다른 V-window를 설정하는 것도 가능하다.

■ **그래프의 정의구역 지정함수식, [처음, 끝] (EXE)**

| 입력 | 계산기 창 | |
|---|---|---|
| Y= (X,θ,T) $x^2-4$,<br>[Shift] [ (−)4,<br>4 [Shift] ] (EXE) | 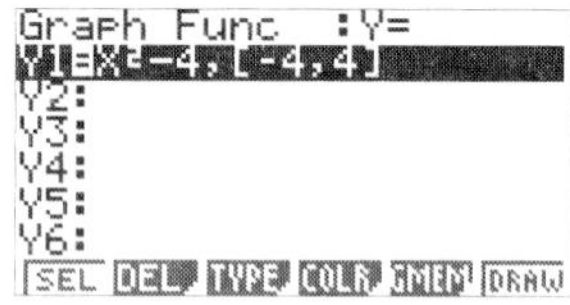 | $y=x^2-4,\ (-4 \le x \le 4)$ |
| [F6](DRAW)<br>(EXE) | 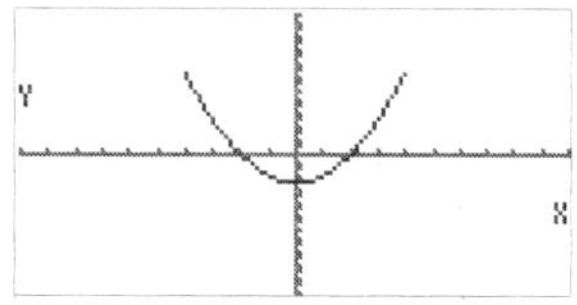 | 참고: V-Windows<br>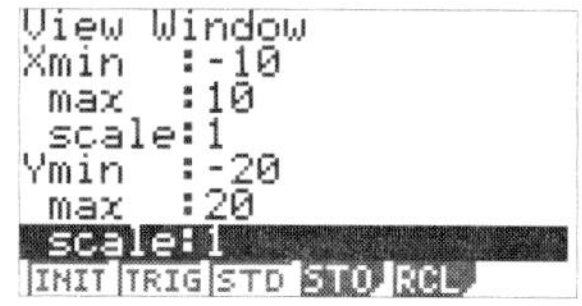 |

## 7. 다이나믹 그래프기능 메뉴 6(DYNA)

함수식의 계수를 변화시키면, 그래프의 변화를 연속해서 볼 수 있다.

다음은 $Y=Ax^2$ 에서 계수 $A$ 가 $-3$에서 $3$까지 변할때 그래프를 동영상으로 나타내는 과정을 보여준다.

| 입력 | 계산기 창 | |
|---|---|---|
| Y= ALPHA A (X,θ,T) $x^2$ (EXE) | 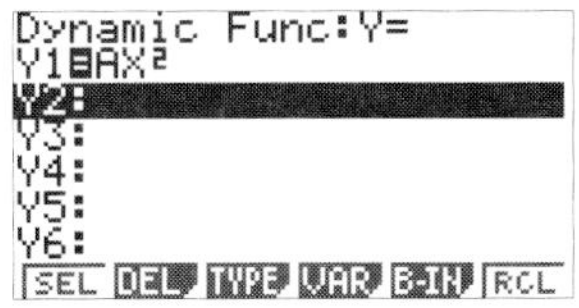 | $y=Ax^2$ |
| F4(VAR) | 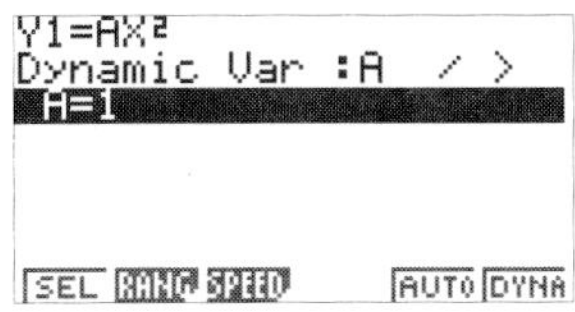 | $A$를 동영상 변수로 지정 |
| F2(RANG) | 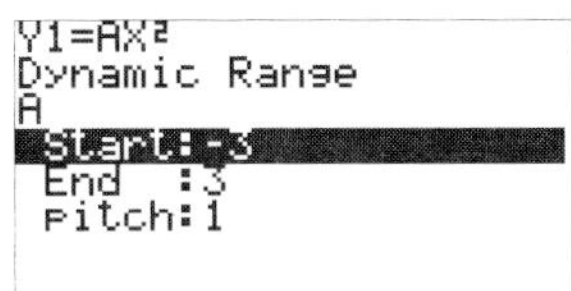 | $A$의 범위 및 간격 지정: $A=-3,\ -2,\ -2,\ 0,$ $1,\ 2,\ 3$ |
| (EXE)<br>F6(DYNA) | 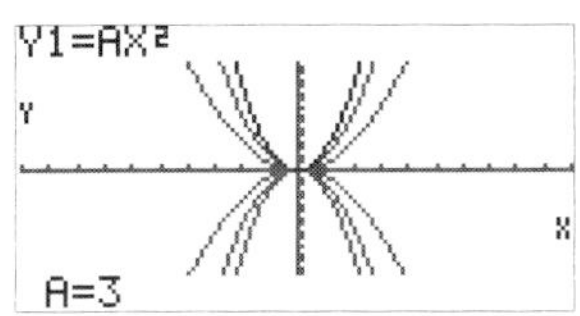 | "One Moment Please!" 라는 글이 화면에 나타난 후 동영상이 나타난다. |

## 8. 테이블 기능 메뉴 7(TABLE)

함수식의 대응표를 만들고 그래프를 그릴 수 있다.

## 9. 통계 기능 메뉴 2(STAT)

List에 입력된 데이터를 사용하여 1변수, 2변수 통계계산과 통계그래프, 그리고 회귀곡선 등을 그릴 수 있다.

## 10. 리스트 기능 메뉴 4(LIST)

List는 복수의 데이터를 정리하여 조작할 수 있는 기능입니다. 본 기기는 여섯 개의 리스트(list1 ~ list6)를 여섯 개의 파일(File 1 ~ File 6)까지 기억하고, 이들을 사칙계산을 비롯하여 통계계산이나 그래프 작성에 이용할 수 있다.

# 부록 3

## 화면과 화면설정(V-Window)

# 3 화면과 화면설정(V-Window)

## 1. 초기화면이 동일한 모드

〔GRAPH〕(5번) 〔DYNA〕(6번) 〔TABLE〕(7번) 모드

〔STAT〕(2번) 〔LIST〕(4번)

[MENU]에서 [GRAPH](5번) 모드나 [DYNA](6번) 모드, [TABLE](7번) 모드를 선택했을 때 나타나는 초기화면은 화면 상단에 모드표시줄과 화면 하단의 하위 메뉴의 종류만 제외하고는 모두 동일하다. 이들 중 어느 한 모드에서 입력한 함수식은 다른 모드에서도 그대로 화면에 나타나게 된다. 또 통계모드 [STAT](2번)와 리스트모드 [LIST](4번)을 선택했을 때 나타나는 초기화면이 동일하다.

그러나 입력한 함수식이나 표의 자료가 동일하더라도 각 경우의 하위 모드 옵션과 설정상태는 전혀 별개이므로 그래픽계산기의 활용시 다음의 사항을 주의하여야 한다.

(1) 모드가 다르면 각 상황에서 선택할 수 있는 하위 메뉴가 달리 나타나게 된다. 그러므로 이 활동집에 나타난 지시대로 옵션을 선택할 수 없을 때는 [MENU] 선택에서 모드를 지시된 바와 같이 올바르게 선택하였는가를 반드시 확인하여야 한다.

(2) 그래프의 색을 파랑, 주황, 초록 세 가지 중 하나로 설정할 수 있으며, 그래프를 그리도록 [DRAW]를 누른 경우에 함수식이 입력되어 있어도 그래프가 화면에 그려지지 않도록 할 수 있다 (그래픽계산기 익히기 5번, 6번 참조).

그러나 [MENU]에서 다른 모드를 선택하면 모든 설정은 사용자가 바꾸지 않는 한 계산기가 초기에 설정한 Default값이 적용된다. 이는 그래프창(V-Window) 설정도 마찬가지이다.

## 2. 활동의 목적과 내용을 고려한 화면 설정

그래프화면(View-Window, V-Window) 설정은 $x$, $y$의 범위와 각 눈금 간격 표시를 지정하는 것이다. 그래픽계산기로 그래프를 그리는 경우, 활동의 내용과 목적에 따라 V-Window를 적절하게 지정하는 것이 중요하다.

V-Window는 사용자가 임의로 설정할 수 있으나, 활동의 목적에 따라 계산기에 이미 설정된 표준설정(Standard, STD) 화면이나 초기설정(Initiative, INIT) 화면을 사용하는 것이 편리하다. 표준설정(STD) 화면은 $-10 \le x \le 10$, $-10 \le y \le 10$, 눈금 간격이 1로 설정되어 있다.

### (1) 표준설정에서의 그래프와 실제 비율의 그래프

표준설정(STD) 화면은 $-10 \le x \le 10$, $-10 \le y \le 10$, 그리고 각각 눈금 간격 표시가 1로 되어 있다. 그래픽계산기 CFX- 9850G Plus에서 그래프 화면의 가로와 세로의 비는 2 : 1이다. 그러므로 표준설정으로 하면 $x$의 눈금 간격이 $y$의 간격의 2배가 되며, 실제 비율로 그래프를 그리려면 $x$, $y$ 범위를 2 : 1이 되게 하여야 한다. 2개의 창(Dual Screen)에 그래프-그래프, 또는 그래프-표를 그리도록 한 경우에는 $x$, $y$ 범위를 동일하게 1 : 1로 설정하면 된다.

예를 들면 1차함수의 기울기와 그래프가 $x$축과 이루는 각의 탄젠트값이라는 사실을 학습하게 한다든지, 그래프의 실제 모습에 초점을 맞춘다고 하면 $x$, $y$ 축의 눈금의 크기와 간격을 동일하게 설정하여야 한다. 그러나 그래프족의 특성을 탐구하거나 문제해결의 도구로 그래프를 사용하는 경우에는 실제 비율로 그래프를 그리지 않아도 되며 학습활동의 목적에 적합하게 화면을 설정할 수 있다.

### (2) 초기설정 화면의 활용 예

초기설정(INIT) 화면은 $-6.3 \le x \le 6.3$, $-3.1 \le x \le 3.1$, 눈금 간격이 1로 설정되어 있다.

두 그래프의 교점을 구하는 경우 목적에 따라 다음 몇 가지 방법 중 선택하는 것이 좋다. 활동의 목적이 학생들로 하여금 활동을 통해 교점의 좌표를 순차적으로 찾게 하고자 할 때는 [Trace](Shift F1) 기능을 사용한다. 예를 들면 방정식의 해의 개념을 그래프와 연결하여 이해시키기 위하여 그래프의 교점을 순차적으로 찾아 확인할 필요가 있을 때 [Trace] 기능을 사용한다.

이 활동집에서는 [Trace] 기능을 이용하여 교점을 구하는 경우에 주로 $x$의 범위를 $-6.3 \le x \le 6.3$로 설정하였다. 이 활동들은 기본 개념의 이해가 목적이므로 교점이 $-5$와 5 사이에 그리고 교점의 정확한 $x$좌표가 많아야 소수 아래 1자리가 되도록 문제 상황을 너무 복잡하지 않게 설정하였다. 예를 들면 $x=3$, $x=2.4$ 등이 되게 한다.

(픽셀의 수가 제한되어 있으므로 [Trace]를 사용할 때 실수인 모든 점을 일일이 체크할 수 없기 때문이다.) 이때 그래프창의 설정에서 $x$의 범위를 [Trace]로 교점의 좌표가 발견되도록 해야 하며 그 한 예가 $x$의 범위를 $-6.3 \le x \le 6.3$로 설정하는 것이다.

(3) 교점의 좌표가 무리수이거나 크기가 매우 큰 수 또는 크기가 매우 작은 수 일 때는, 교점 근방에서 줌(ZOOM) 기능을 사용하면, 교점의 좌표값을 원하는 만큼 자세하게 얻을 수 있다.

**장 경 윤**

건국대학교 사범대학 수학교육과 (교수)
미국 Boston University 박사 (수학교육)
서울대학교 대학원 석사 (교육학)
서울대학교 이학사 (수학교육)
kchang@konkuk.ac.kr
http://kchang.konkuk.ac.kr

그래픽계산기와 함께하는 **수학 탐구**

2014년 10월 10일 초판 인쇄
2014년 10월 15일 초판 발행

저 자 / 장경윤
발행자 / 오판근
발행처 / 교우사

주 소 / 서울특별시 동대문구 약령시로 8 교우빌딩 2층
전 화 / 925-2861~2, 편집부 / 925-2825
팩 스 / 925-2860
E-mail / kyowoo@kyowoo.co.kr
http://www.kyowoo.co.kr

등록 / 1994. 3. 24 제6-0256호

ISBN 979-11-251-0063-8 (93410)

값 **18,000**원